インダストリアル エンジニアリングの 最 前 線

最新テクノロジーを活用した生産効率の向上

和田雅宏 [編著]

PTU 技能科学研究会 [著]

日科技連

まえがき

　本書はものづくりに携わろうとする工学系大学生に，インダストリアルエンジニアリング(Industrial Engineering：IE)はどのようなものでどのように役立つのか，専攻に関係なく共通して学んでもらい，将来のものづくりに役立ててもらうことを狙いとしている.

　本書の企画と構想は，経営工学第一人者である圓川隆夫先生(職業能力開発総合大学校(PTU)校長，東京工業大学名誉教授)によるもので，伝統的な IE の基盤の上に，スループットを高めて"稼ぐ"という実用価値を加える構想が，第 1 章にしたためられている.「IE は，実務で役に立つものでなければならない」という想いである．ちょうどそこに，30 年間メーカーに勤務した筆者が大学に戻り，「IE や品質管理(Quality Control：QC)は，ものづくりエンジニアの共通知識として習得すべき」と方向が一致して主筆の役回りが巡ってきた.

　平成の時代に IE が大学教育で重視されなくなった一つの背景として，作業や技能を主体とする製造の多くが国外へ移転された結果，生産の効率というものへ関心が薄れ，国内の研究対象になりにくくなったことが影響していると感じている．それでも IE や QC は，ものづくりの実際として依然必要であるから，日本のエンジニアの多くは，就職後の社員教育として，ばらつきや変動という基本的な概念を初めて勉強する仕組みになりだしている．残念ながら就職後には目の前で経験している生産にどうしても縛られ，生産効率というものを，客観的でしっかりした工学技術として習得できず，不確定や変動を受け入れて科学的に対処する術が身につきにくい．そしていつの間にか，「日本のものづくりは生産性が低い」と問題になっているわけである.

　時代は再び変わり第 4 次産業革命が到来し，大型設備を活用した生産方式からコンパクトでスマートな機器を活用した生産方式に変わり，統合された全体としての生産性が再び重要になってきている．フレキシブルなロボットが人間並みに小回りよく作業するようになれば，例えば昭和の時代に行われた微動作分析によって作業を数秒を短くする方法が，スマートロボットの生産性として求められるようになろう．それと同時に，依然として属人的領域から脱しにく

く効率化もしづらい熟練技能が，続々と生まれてくる新しいセンサー技術や IT の発展によって可視・可測化が進み，知識として模倣や伝承ができることも，生産性を大きく高める効果として IE と協奏する．

　本書の特色として，第3章でファクトリーフィジクスによるスループットを高める思想がまとめられている．唯々諾々と在庫を減らす，単線思考に設備稼働率を高めるという 20 世紀終盤から続く生産性向上の考え方への警鐘である．第4章では，変動に自律対処する高い生産性の理解のために，「何が原因で場当たり的な変動が発生するのか」「その場合にどのようなフレキシブルな対応が必要となるのか」について，生産阻害要因により変動の分類を試み整理した．ものづくりエンジニアには，「どのように変動が動作するのか」というメカニズムの理解よりも，変動が起こる原因自体をシステム的に理解してほしいからである．第5章では PTU 諸先生の協力を得て，測ることの新技術とそれにより生み出される IE，特に作業支援の新技術を多数紹介した．その一方，本書では，例えば生産計画システムや在庫発注管理など，効率化よりも業務遂行の側面が強い技術は省くことにした．また，コストや生産資源など経済面も触れていない．

　企業で実務を経験してきた者として，ものづくりがグローバル化している時代に，アジア諸国の生産性の高まりに日本が遅れをとることのないよう，経営工学系の学生の入門とするのみならず，より広くさまざまな専攻の学生，さらには教育啓発を受ける社会人が本書を通して IE を学び，ものづくりに奮闘してもらうことを節に願いたい．

　最後に，日科技連出版社の田中延志氏には編集のお世話になりました．

2020 年 2 月

編著者　和田雅宏

インダストリアルエンジニアリングの最前線
目次

第 1 章
現代インダストリアルエンジニアリングの3本柱

1.1 現代インダストリアルエンジアリングとは

インダストリアルエンジアリング(Industrial Engineering：通称 IE)は，20世紀はじめの米国で，科学的管理法として仕事をする効率化の原点である"標準"という概念を導入した F. W. テイラーにはじまる [1]．それから一世紀あまり経った現在，IISE(Institute of Industrial and System Engineers)の定義では以下のとおり，(専任の IE マンの仕事として)若干小難しくなっている．

① IE とは，人，資材，情報，設備，およびエネルギーを統合したシステムの設計，改善，実施に関することを扱う．

② その場合に IE はこれらのシステムから得られる結果を規定し予測し評価するために，

③ 工学的な分析と設計の原理と方法の原則とともに，数理科学，自然科学および社会科学における専門知識と経験を利用する．

本書では，IE について，「誰でもできる日本の IE 活動」を反映させて，シンプルに「対象とする仕事(動作，作業，工程・設備，生産ライン，事業所等)に内在するムダ，ムラ，ムリを見える化することによって，**価値創造(稼ぐ)という目的**に対する**効果的効率**を図る一連の手法・理論・技術」と定義する．ともすれば目先の対象の改善に陥りがちな過去の IE に対する反省を踏まえ，特に**太字**のキーワードが，現代インダストリアルエンジニアリングの意義である．

業種を問わず仕事の現状(As is)を分析すると，案外，付加価値(Value added)あるいは利益を生んでいる作業(加工)時間(function time)はごくわずかである場合が多い．そのため，まずは実際に価値を生んでいない作業(加工)時間を見える化することで，ムダ，ムラ，ムリをなくす改善を推進したい．そ

こで，本書では，IE の第一の柱として，基本姿勢である「職務設計上不可欠な標準化」「あるべき姿(To be)に近づける活動」について解説している.

　実際に工程の効率化に取り組んでみると，見渡せる範囲内の分析アプローチに目をとられてしまい，「事業所や生産ライン全体として利益を生み出す源泉であるスループット(時間当たり出来高)を最大限稼ぐこと」から乖離しがちである. そこで，本書では IE の第二の柱として，2000 年頃米国で生まれた Factory Physics [2] の理論を簡易ながらも持ち込んで，「全体のスループットを損なわずに有効性のある個々の分析アプローチを位置づけできるような着眼点を与える設計アプローチを組み合わせるべきである」とした.

　また，本書では第三の柱として，五感を通して認知すべき環境情報や結果のできばえを見える化する最近の測定技術を紹介している. さらに，カン・コツといった高度な技能を要する作業について，熟練作業者や人間の限界を超えたカンやコツを補強することによってパフォーマンスを向上する「人間拡張」を実現するための具体的な方法を解説している. このようなアプローチは熟練工の高齢化により対応が急がれている技能伝承にも有効だと考えられる. なお，この種の見える化については，特に本書では「可視・可測化」という言葉を用いる.

1.2　ムダ・ムラ・ムリの見える化の分析アプローチ(効率化)

　対象とする仕事の現状に内包される3ム(ムダ・ムラ・ムリのことで，ムの後ろの字を並べればダラリ)は，仕事にかかる時間やリードタイム(生産所要時間)を引き延ばしたり，品質や価値を損ねたり，仕事の目的であるスループットを減じるさまざまな不効率を生む.

(1)　ムダ

　ムダは，文字どおり動作や作業のなかで付加価値を生まない要素で，排除すべき対象である. ムダは，ムダではあるが作業遂行に不可避とする要素を含めて見つけ出すことが，IE の最も基本的な分析的アプローチである. これについては，**第2章**で，動作・作業分析やその排除の視点まで与える ECRS 分析等の手法を解説する.

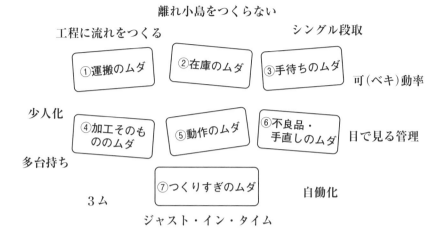

図1.1　TPS の基本思想：「徹底的なムダ排除」と施策・指針

　図1.1 は，ムダの意味を少し広げた TPS(トヨタ生産方式 [3])における「七つのムダ」を表わしたもので，円形に囲んだ用語は TPS を構成するよく知られた施策群である．これらの施策は，個々の動作や作業から設備や管理方法までを含めた工場全体のムダを排除するためのものである．

(2)　ムラ

　ムダに加えて，ムラ・ムリもムダを発生させる要素で，特にムラは時間的，品質的に変動を与える要素である．ムラは，直接発生した作業だけでなく，変動の伝播とよばれる効果で，その作業の上流や下流にも悪影響を与える．すなわち，ムラは「他の作業に波及することで，1つの作業・工程の変動がライン全体のリードタイムを大きく引き延ばす」という「見えない・見えにくい悪効果」があることに留意する必要がある．

　例えば，2工程からなる作業を考えよう．どちらの工程も加工時間は5分で「バランスした工程」であるとする．加工時間にムラがなければ第1工程投入から第2工程完成までのリードタイムは確かに10分であって，連続生産すれば正確にキッチリ5分に一つの完成品が生産される．

しかし，現実にムラは必ず存在する．そのとき人手を介さない限り，リードタイムはいずれ無限大となってしまう[1]．**第4章**では，特にムラを取り上げて，影響の大きさと対策について解説する．

(3)　ムリ

　ムリは「能力（人の技能や設備の性能）に対して，過大な量的・質的な負荷がかかっている要素」であり，速度の低下や仕事の目的そのものの遂行も阻害しかねないものである．ムリはムラを生む源泉にもなる．**第5章**では特に質的な負荷に関連したカン・コツを必要とする作業を操る方策を解説している．

　上述のようなムダ・ムラ・ムリを見える化するために，対象が作業であれば要素作業を記述する．さらに，要素作業を動作に分解したうえで現状を記述して，あるべき姿（To be）に向けて改善するために，**第2章**で詳述する「動作分

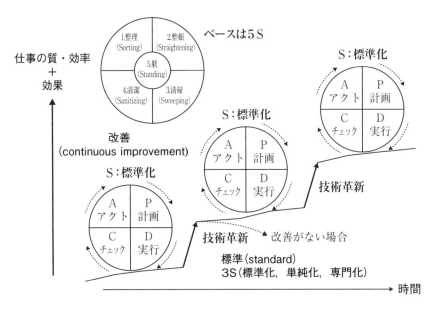

図1.2　「標準化＋改善」の流れ

---

1)　このカラクリは，**4.2.節(1)**のキングマンの公式で$u=5/5=1$となることで説明される.

析」「作業分析」，あるいは「ECRS 分析」を適用して見える化する．また，生産ラインや事業全体で，もの(ワーク)や人の挙動や流れを記述し，待ちや遅れ等のムダ・ムラ・ムリを見つける流れダイヤグラム等，第3章で紹介する分析ツールを用いることで見える化することができる．

以上の分析アプローチは，「職務設計のための標準化」「改善の実施結果の標準化」という2つの場面で有効である．このとき，**図1.2** のように仕事をする場合のベースは 5S(整理・整頓・清掃・清潔・躾)である．5S ができた後はまず標準化を実施する．その後はその標準を実行維持しながらも，改善していく．周囲の環境変化に影響されるなかで標準を守りつつ，その改善が常に求められるので，P(Plan)D(Do)C(Check)A(Act)の後に S(Standardization：標準化)，あるいは SPDCA のサイクルを回すことが求められる．

1.3 理想との乖離を見える化する設計アプローチ(稼ぐ)

伝統的・典型的な分析的アプローチの IE に対して，価値創造の観点から，ものづくり理論にもとづくアプローチが重要になってきている．**図1.3** は TOC (Theory of Constraints：制約理論)で知られている E. ゴールトラットのコス

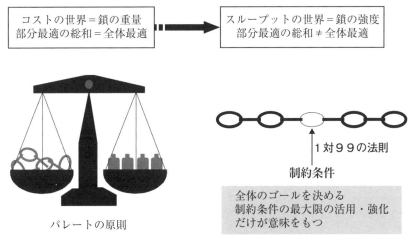

図1.3　コストの世界とスループットの世界

トの世界とスループットの世界の概念図である．IE の活用に限らず日本の絨毯爆弾的な改善はコストの世界である．これに対して，「企業のゴール（TOC の場合，お金を稼ぐという意味でスループット：貢献利益）である制約条件の改善のみが有効であり，それを外した改善は意味ない」という批判があり，的を得ているといわざるを得ない[4]．

　コストの世界では部分最適を積み重ねて問題を解決するので，問題のなかで占める割合の大きい対象から改善していく「パレートの原則」[2) が有効となる．

　しかし，「鎖の全体強度は一番弱いリンクの強度で決まる」と鎖のアナロジーで表現されるスループットの世界では，現在のスループットを決める唯一の原因（制約条件となる対象）に対して何も手を打たなければ，それ以外の対象を改善しても意味はない．ここでは，1%の原因から99%の問題が発生している．

　もう少し具体的に解説すると，スループットの世界では，（企業目線では当たり前だが）製品の生産が完了し，社外に出て初めて付加価値が得られる．しかし，日本のものづくりでは，生産ラインで少しでも生産が進捗すれば，それで価値が生じたと自己認定している企業も少なくない．価値の自己認定というよりも，改善活動を行う対象を探す手段として，部門あるいは工程に切り分けて原価責任を明確にしようとする．そして，制約条件となっている工程を探し出して手を打つ代わりに，それぞれの部門で計画原価よりも実現原価が低くなるように，原価低減に精を出す．

　よくいわれるように積み上げ型原価管理には弊害があり，間接費をできるだけ小さくすれば原価が小さくなる仕組みには注意が必要である．例えば，必要量からの発想ではなく，怒られない範囲でできるだけ多くの数量を生産し，間接費を薄めて負担させれば，見かけの単位原価は下げられるが，それは一時的に過大量を生産することでもあり，典型的なムラとなる．また，工程を進めただけで仕掛在庫の評価額が高くなる原価計算であれば，生産はむしろ平準化させず，できるだけリードタイムを長くして遅く作るほうが，仕掛在庫コストが低くなる．しかし，このように生産ラインのなかでいくら操作したところで，

───────────────

2)　一般的な経験則として20%の原因が問題の80%を占めることが多いため，20%-80%ルールともよばれる．

外部への付加価値は何も生じていない．これに対して，スループットの世界では，内部の局所的な改善ではなく，「生産ライン全体として効率的であるかどうか」に関心をもつ．

　本書では以下，「スループット」を「より一般的に時間当たりの出来高（生産量）」としよう．ものづくりの価値創造の源泉は，常に変化する状況のなかでこのスループットを稼ぎ出すことにある．

　2000 年頃，3 ムのなかでも特にムラ（変動）に着眼して，ものづくりの目的であるスループット最大を維持しながら，理想と現状との差から改善の方向性を理論的に示すアプローチが登場した．待ち行列理論にもとづく Factory Physics であり，その核心はリトルの公式とよばれるものであった．

　ここでは，「TH：時間当たり出来高」「WIP：仕掛ワーク（Work-In-Process）」「CT：サイクルタイム（Cycle Time）．すなわち，工程に投入してから完成までの時間（日本では用語としてリードタイムと言い換えたほうが妥当かもしれない）」としたとき，「$TH = WIP/CT$」が成り立つ．これは驚くことに，加工時間がどのような分布になっていても，また複数工程からなるラインであっても，さらにプルかプッシュかという生産計画コントロールの方式（**4.2 節**で詳述）にも関係なく，定常状態になると成り立つのである．

　ここで簡単な例題を見てみよう（**図 1.4**）．

【例題】

　図 1.4 の生産能力をもつ 3 工程からなる生産ライン（工程 1 の前にはワークが十分ある）で，工程 1 にワークを投入してから工程 3 で完成するまでの CT を測定したところ 10 日であった．現状，工程内には合計で 3000 個の仕掛ワークがある．これに対して，A 氏は「諸悪の根源である在庫は減らすべきで 2000 個を目指せ」と言い，B 氏は「稼働を安定させるために在庫を 4000 個に増やしたい」と言う．さて，どちらの判断が妥当であろうか．

　ここでまず必要な情報は，「全体のスループットを決めている現在の制約条件（IE の用語としてはボトルネック）はどの工程なのか」である．**図 1.4** から，

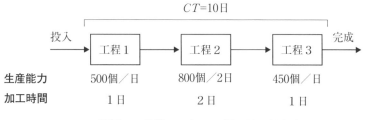

図1.4　例題：A氏とB氏，どちらの判断が正しいか

一日を単位として生産能力を比べると，工程2が400個／日となり最も小さく，制約条件となっている．したがって，この生産ライン全体の最大の TH は工程2の400個／日によって決まり，また CT は10日であることから，リトルの公式にこの両者を代入すると，$400 = WIP/10$，$WIP = 4000$ 個が得られる．すなわち，現在の実力で最大の TH を稼ごうとすればB氏の見解が正しいことになる一方，A氏の意図にもとづきいきなり WIP を2000個にした場合には，$TH = 2000/10 = 200$ 個／日で半分の TH しか得られない（**図1.5**）．

WIP 量を低減することばかりに関心が行くと，TH を損なってしまう．**図1.4** で正味の加工時間の和を T_0 とすると，$T_0 = 4$ 日であるのに，実際のリードタイム CT は10日になっている．なぜなら，現状では，生産ラインの内部で，ムダな停止や故障等のムラ，すなわち変動が存在するためである．

この例題の場合，理想状況は，$TH = 400$ 個，$CT = 4$ 日であり，そこに向かい工程内や工程間に内包する変動を見える化し，改善する．その結果として，CT は減り4日に近づけることができる．そのとき重要なことは，リトルの公式に沿い，現状の CT に対応した最大 TH を実現する WIP 量を保ちながら，改善を進めることが求められる（具体的な内容は **3.1 節** に詳述）．なお，「TH：

理想的には CT は4日であるところが，10日もかかっている．
多くの3ムが隠されているはず．
工程全体の流れを流れダイアグラムで分析してみよう．
また改善の具合の CT によって，リトルの公式から，最大 TH を確保する WIP をもちながら，対策を進めよう．

図1.5　現在の実力の判定と *TH* を最大にしながらの改善の進め方

時間当たりサービス完了接客数」「CT：系内滞在時間」「WIP：系内の平均客数」とすれば，サービス業にも適用できる設計理論となる．

　このように工程全体の価値を最大化しつつ，理想と現状の乖離の評価と，IE の分析アプローチを組み合わせた改善手法を第3章，第4章で解説している．

　日本では Factory Physics のような理論的な観点を活用するアプローチはあまり用いられておらず，この部分は「"現場を支えるセンスに優れた熟練技能者"のノウハウに支えられてきた」というのが実情ではなかろうか．現場の改善努力を経営成果や生産性向上に直接結びつけるために，これを理論として形式知化することが，これからのものづくりに必要不可欠だと考えられる．

1.4　カン・コツ作業の可視・可測化 ―技能科学アプローチ―

　IE に求められる改善の対象として，熟練技能者しか行えない難作業やカン・コツ作業の可視・可測化や，その技能伝承が，熟練技能者の高齢化に伴い課題となっている．可視・可測化ができれば，カンやコツの部分を治具や測定機器などの新技術で補うことによって，カン・コツを備えない技能者が作業できるだけでなく，熟練技能者にとっても，高度な環境情報やできばえ情報のサポートを得て，より高度な技能を発揮できる「人間拡張」という概念が実現できる．そのためには人間の技能パフォーマンスのメカニズムに着眼した技能科学アプローチの理解が必要になってくる[5]．

　人間行動の研究で知られるデンマークのラスムッセンは，作業（技能）技能パフォーマンスが発揮される内部モデルと（外部）環境のインタフェースに着眼し

て，環境情報の処理との関係で，**図 1.6** に示すような能動的で動的な内部モデルとして，3つの階層的なレベルを与えている[6]．

　技能のスキル獲得で，知識ベースから，ルールベース，熟練技能者に見られる暗黙知にもとづく反射的，半自動化されたスキルベースの作業は，一般の作業者にとってはムリやムラを強いる，いわゆるカン・コツ作業になる．したがって，作業の容易化に結び付けるためには，「作業を行う環境条件の何を感じ，何を見て，動作や行動に結び付けているか」「どのような動きが目的とするパフォーマンスにつながるか」を可視・可測化することが求められる．これは，現代の高齢化に伴う技能伝承の効率化にもつながる．

　図 1.7 は，動作や作業を生起される環境情報の認知から，Model Human Processor（Card. et. al., 1983）とよばれる内部処理モデルまで示したものである．五感を通した環境条件の知覚情報（シグナル・サイン・シンボル）が，知覚プロセッサを介して短期記憶（STM）あるいはワーキングメモリー（WM）へ入力される．同時に課題を達成するために，長期記憶から活性化された教科書的なルール（深い知識）や経験・場面に応じたカンやノウハウ（浅い知識）が短期記憶

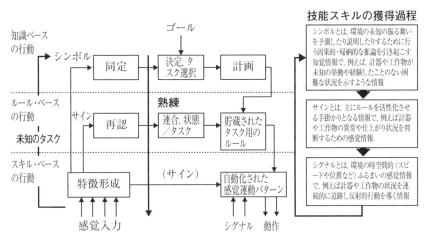

出典）　J. ラスムッセン著，海保博之，加藤隆，赤井真喜，田辺文也訳(1990)：『インタフェースの認知工学』，啓学出版をもとに筆者作成．

図 1.6　技能に関する3階層モデルと対応する環境情報の種類（右側）

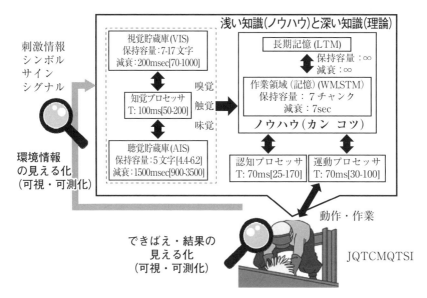

図 1.7 動作・作業を生起させる環境情報と内部モデル

に呼び出され，認知プロセッサにより，必要な動作や作業(コツ)が決定され運動がなされる．さらに，動作の結果のできばえが再び五感を通した環境情報とともにフィードバックされ，次の知覚から動作に至るサイクルが回される．

ここで，**図 1.7** に示す数値は，「ワーキングメモリーにおける視覚・聴覚情報の保持容量」「情報保持時間(減衰半減期)」「T：知覚・認知・運動の各プロセッサの処理時間」で，Card. et. al.(1983)による．伝統的な IE で作業の標準時間策定時に用いられる PTS(既定時間標準のこと．**2.3 節**で詳述)のように，人間の内部処理の時間や容量について標準が記載されているのは興味深い．しかし，80 年後半のエキスパートシステムが流行った第 2 次 AI ブーム [3] の頃，これらの数値を用いてソフトウェア作成時の標準時間策定の試みが多くなされ

3)　第 1 次 AI ブームは，AI という言葉が出現した 1950 年代である．2020 年現在，画像処理のスピード化・大容量化とディープラーニングを組み合わせた実用的な AI の活用ブームは，第 3 次 AI ブームに当たる．詳細は，総務省「平成 28 年版　情報通信白書のポイント」(http://www.soumu.go.jp/johotsusintokei/whitepaper/ja/h28/html/nc142120.html)を参照.

たが，この流れはその後消えてしまった

図 1.7 中のチャンクとは，意味情報のまとまりの単位であり，短期記憶には平均7つのチャンクが保持され処理されるという（これよりマジカルナンバー・セブンとよばれることがある）．例えば，TPSIEQC とういう文字列でランダムな文字の並びをとらえれば7チャンクであるが，TPS IE QC と認識できれば3チャンクとなる．熟練技能者ほど，環境情報と作業の目的に応じて，経験にもとづく浅い知識に相当する大きなまとまりとしてのチャンクが活性化される．

　上述の環境情報から運動の確認のサイクルのなかで，「熟練技能者が何を見て，何を聞き，どのようなルールやノウハウを想起し，どのような動作で，できばえのどこを確認しているのか」がわかれば，暗黙知を形式知にできる．使っているルールやノウハウを熟練技能者に言葉にしてもらう言語プロトコル [4] の収集や，人間のように自ら考えて学習し，人間の意思決定をサポートす

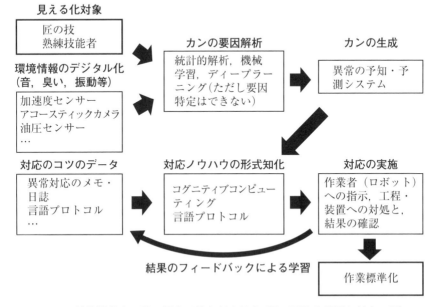

図 1.8　熟練技能者の技の見える化と対応策（工程の不具合予測と対応の例）

るコグニティブコンピューティングの活用には限界があるにしても，環境情報やできばえの何を見て聴いているかは，最近の測定技術で可視・可測化することができると考えられる．これら環境情報の見える化・デジタル化や結果のできばえの確認についての具体例を第5章で紹介する．

図1.8は，熟練技能者が，経験にもとづいて設備の異音等の異常を感知して，そこから原因を探るカンを生成し，さらにこれを修復するための方策とコツを推論したうえで，処置したり，結果を確認したり，場合によっては対応のやり直しを図るプロセスと，それを可視・可測化するための測定技術およびAIなどの解析技術等の対応例を示したものである．

第1章参考文献

[1] F. W. テイラー著，有賀裕子訳(2009)：『新訳 科学的管理法』，ダイヤモンド社.

[2] Hopp, W. J. and Spearman, M. L (2007): *Factory Physics*, third ed. Irwin McGraw-Hill.

[3] 大野耐一(1978)：『トヨタ生産方式』，ダイヤモンド社.

[4] エリヤフ・ゴールドラット著，三本木亮訳(2001)：『ザ・ゴール』，ダイヤモンド社(原著：*The Goal*, North River Press, 1992).

[5] PTU技能科学研究会編(2018)：『技能科学入門 ものづくりの技能を科学する』，日科技連出版社.

[6] J. ラスムッセン著，海保博之・加藤隆・赤井真喜・田辺文也訳(1990)：『インタフェースの認知工学』，啓学出版.

[7] S. K. Card, T. P. Moran & A. Newell(1983): *The Psychology of Human-Computer Interaction*, Lawrence Erlbaum Associates.

---

4) 観察対象者への質問などを介して行為の目的や理由を言語として発話されたデータのこと.

第 **2** 章
動作・作業の分析

2.1　分析的アプローチの対象

　IEによる「改善」は，設計的アプローチと分析的アプローチを考えること
ができる．設計的アプローチが「理想的な姿(状態)を描き，現状を理想に近づ
けていくアプローチ」であるのに対し，分析的アプローチは「現状の仕事のな
かからムダ・ムラ・ムリ(3ム)を発見し，それらを排除，あるいは簡素化する
アプローチ」である．

　本章では，動作・作業から工程レベルの分析的アプローチとして，古典的改
善方法を紹介する．3ムを改善するには，まず3ムのありかを発見しなければ
ならないが，いったん作業に慣れてしまうと作業に内在する3ムの存在に気が
つくことはなかなか難しい．実のところ，3ムの対象がわかったうえでそれら
を改善するよりも，3ムを発見・特定するほうがずっと難しい．そこで，問題
解決よりも問題発見に，より価値があることを意識しつつ，仕事や作業の現状
を「見える化」しながら，客観的に3ムの存在を分析する手法を紹介する．こ
のとき，分析的アプローチでは，鳥の目(マクロ的視点)と虫の目(ミクロ的視
点)という両方の観点から「見える化」し，問題を分析することを勧めたい．

　マクロな視点は「工程」を対象とする．一つの工程は，複数の作業により構
成されることが一般的であるから，工程を作業の単位に分解して工程内部に潜
むムダな作業やムダな待ち(ムラ)を発見する．このとき，複数の作業員や機械
が協働する作業では，時間(タイミング)を照らし合わせて，ムダを見つけるこ
ともできる．こうした分析は，工程作業分析とよばれる(**2.5節**で詳述)．

　一方，ミクロな視点では，各作業を，動作の一つひとつに細かく分解し，一
連の動作に含まれるムダな動きを分析する．これは動作分析とよばれる(次節

で詳述）.

2.2　動作分析

　動作分析では，工程を構成する一連の作業を，ストップウォッチを用いて時間を測定することができる小さな作業の単位（これを，要素作業とよぶ）にまで分解し，各要素作業に費やされる時間を測定する．このとき，時間の長い要素作業やばらつきが多い要素作業を分析対象として抽出し，動作レベルまで詳細に分解し，見える化する.

　ここで用いられる動作分析の手法は，微動作分析やサーブリッグ分析ともよばれ，人の身体と目の動きを分析し，そこから最適な作業の方法を設定するための手法である.

(1)　サーブリッグ法

　動作分析の古典的な手法として，記号を用いたサーブリッグ（Therblig）法が知られており，歴史的に IE の拡がりに大きく貢献した．この手法は，ギルブレス（Gilbreth）夫妻[1]によって，人間らしさを加味した IE 手法として開発されたものであり，サーブリッグという呼称は Gilbreth の逆読みに由来する.

　サーブリッグ記号（**図 2.1**）は，人間の動作を目的別に細分化してあらゆる作業に共通すると考えられる 18 の基本動作要素を表記したものである．サーブリッグ法では，分析対象の作業を基本動作要素に分類し，作業内容を見える化する.

　ここで，**図 2.1** の 18 の基本動作要素を解説すると，**表 2.1** のようになるが，これらは大きく 3 つに分類される．第 1 類は「仕事を進めるのに必要な動作」，第 2 類は「作業が実行されていない動作」，第 3 類は「作業を行ってない動作」で，改善の着眼点は第 2 類と第 3 類の動作をなくすこととなる.

　身近な作業であるホチキス留め作業（**図 2.2** のような 2 種の資料をホチキス留めする両手作業）の動作をサーブリッグ法で表すと**表 2.2** のようになる.

　表 2.2 の動作分析の結果，第 3 類の「保持」や「避けられない遅れ」が存在

---

1)　夫フランク・ギルブレス（1868 ～ 1924）と妻リリアン・ギルブレス（1878 ～ 1972）のこと.

類別	名　称	記号	記号の説明	類別	名　称	記号	記号の説明
第1類（仕事を進めるために必要な動作）	空手移動	⌣	手に何も乗せていない形	第2類（第1類の動作を遅くする傾向のあるもの）	探す	◉	目で物を探す形
	つかむ	∩	手で物をつかむ形		見いだす	◉	目で物を探しあてた形
	運ぶ	◡	手に物を乗せた形		選ぶ	→	目的物をさす形
	位置決め	9	物を指の先端に置いた形		考える	♀	頭に手を当てている形
	組み合わせ	#	組み合わせた形		用意する	8	ボウリングのピンを立てた形
	分解	++	組み合わせた物から1本離した形	第3類（仕事が進んでいない動作）	保持	⊓	磁石に物を吸い付けた形
	使う	U	英語の Use の U		避けられない遅れ	⌒	人がつまずいて倒れた形
	放す	○	手から物を落とす形		避けられる遅れ	⌐○	人が寝ている形
	調べる	○	レンズの形		休む	♀	人がイスに腰かけた形

出典）　職業能力開発総合大学校 能力開発研究センター編（2001）：『生産工学概論』，p.56，雇用問題研究会.

図2.1　サーブリッグ記号

していることがわかる．動作分析では，まず第3類に含まれる動作，つまり作業を行ってない動作を取り除くことを検討する．一般的に，第3類の動作は，作業順序を組み替えることで，取り除くことができるものが多い．そのための改善のアイデアの発想方法は，**2.4節**（ECRS分析）で紹介する．

　さらに，「作業が実行されていない動作」（第2類）の存在に着目しよう．**表2.2**のなかには，第2類に含まれる動作，つまり「探す」や「選ぶ」が存在していることがわかる．作業者は，作業をしながら自身のこのようなムダな動作に気がつくことはなかなか難しい．そこで，サーブリッグ法による分析により，作業者の動きを客観的に評価し，付加価値を産む動作とムダな動作とを切り分けることができるようになる．

(2)　動作経済の法則

　サーブリッグ法で動作を「見える化」できた後は，動作をより生産性の高いものに改善していくが，どのような動作が理想的だろうか．その手がかりとな

表 2.1 サーブリッグ記号の基本動作の各要素の解説

類別	各要素	解説
第1類	① 空手移動	身体部位を，ある位置から別の位置に移動させる動作である．記号は，空手が始まったときから，次の動作(つかむなど)までを表す．
	② つかむ	身体部位により対象物をつかむ(握る)動作である．記号は，身体部位が対象物に近づいた状態から，つかみ終わるまでを表す．
	③ 運ぶ	身体部位により対象物を移動させる動作である．記号は，対象物が動き始めてから，停止するまでを表す．
	④ 位置決め	身体部位を使って対象物の位置を定められた状態にする動作である．記号は，位置の修正を始めてから，終わるまでを表す．
	⑤ 組み合わせ	対象物を重ねたり挿入したりする動作である．この動作は通常位置決めの後に行われ，記号は，組み合わせのための動作を始めてから，終わるまでを表す．
	⑥ 分解	対象物を取り外したり抜いたりする動作である．記号は，分解のための動作を始めてから終わるまでを表す．
	⑦ 使う	身体部位を使って，工具や機械を使う動作である．記号は，使用を開始してから，終わるまでを表す．
	⑧ 放す	対象物をつかむ(握る)状態を解除する動作である．記号は，身体部位が対象物の制御を解除した状態から対象物が自由になるまでを表す．
	⑨ 調べる	対象物を測定し，判断する動作である．記号は，調べ始めてから，調べ終わるまでを表す．
第2類	⑩ 探す	対象物がどこにあるのかを探す動作である．記号は，探し始めてから，見いだす(見つける)までを表す．
	⑪ 見いだす	探していた対象物を見つけた状態である．記号は，探すの直後の見いだす瞬間のみを表す．探すの中に含んでしまうこともある．
	⑫ 選ぶ	いくつかある対象物のなかから，目的のものを選ぶ動作である．探すと選ぶとで判別が難しい場合は，選ぶ動作とする．
	⑬ 考える	計画したり，理解するといった思考を伴う動作を表す．
	⑭ 用意する	次の動作のために，対象物の位置を調整する動作である．
第3類	⑮ 保持	静止している対象物を身体部位で支える動作を表す．
	⑯ 避けられない遅れ	作業者に責任のない遅れ(手待ちなど)を表す．
	⑰ 避けられる遅れ	作業者に責任のある遅れ(不注意，怠慢など)を表す．
	⑱ 休む	作業中に休んでいることを表す．休憩時間は休むに含めない．

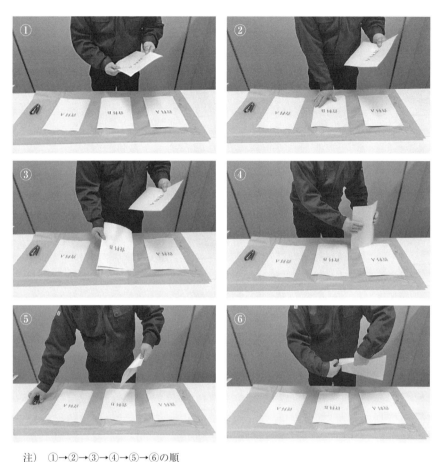

注) ①→②→③→④→⑤→⑥の順

図 2.2 2種の資料を一部ずつホチキス留めする両手作業

るのが，前述のギルブレスによる動作経済の法則(原則)であり，作業者が疲労を最も少なくできるように合理的な作業を行うための経験的な法則である．

これは，大きく表 2.3 のような 3 つの原則から成る．

例えば，表 2.3 の①を具体的にすれば，以下のようなやり方が考えられる．

- 動作の数を減らす．
- 動作を同時に行う．

表2.2　サーブリッグ法によるホチキス留めの作業の見える化

左手の動作	サーブリッグ			右手の動作
	左	目	右	
(何もしていない状態)	〜○	👁	〜	机上の資料Aに手を伸ばす
(何もしていない状態)	〜○		∩	資料Aの一部をつかむ
資料Aの一部をつかむ	∩		○	資料Aの一部を左手に運ぶ
つかんだ資料を保持する	⏄	👁	〜	机上の資料Bに手を伸ばす
↓(継続)	↓		∩	資料Bの一部をつかむ
保持する束に資料Bを加える	♯		○	資料Bの一部を左手に運ぶ
つかんだ資料を保持する	⏄		∩	左手で保持する資料をつかむ
資料(一部)の両端を揃える	9		9	資料(一部)の両端を揃える
揃えた資料を保持する	⏄	👁	〜	ホチキスを探し，手を伸ばす
↓(継続)	↓		∩	ホチキスをつかむ
ホチキス留めする位置を固定する	9	👁→	9	ホチキス留めする位置を固定する
揃えた資料を保持する	⏄		∪	ホチキスで針を留める
留め終わった資料を机に置く	○		○	ホチキスを机に置く

　　• 動作の距離を短くする.

　　• 動作を楽なものにする.

　これらをさらに具体化すると表2.3右列のようになる.

　ここで，表2.3①の代表的な例を挙げてみよう. 図2.3のように，右手と左手にそれぞれペンを持ち，右手で時計回りに円を描きながら，同時に左手でも

表 2.3　動作経済の法則を構成する原則と，その具体例

原則	具体例
①　身体使用に関する原則 （例：図 2.3）	1)　両手で同時に動作を始めて，同時に終わらせたときに手待ちが発生しなければ，生産量は最大となる. 2)　両手の動作は互いに対称的なので，反対の方向かつ同時に行うときには，自然なリズムで動作できる. 3)　身体の動作はできるだけ末梢部位（指先など）で行えるようにする，など
②　設備及び配置に関する原則 （例：図 2.4）	1)　道具や部品は，取りに行かずに済むように作業者の近くに置いておく. 2)　道具の取り出しには，自然落下を利用する，など
③　機械機器，設計に関する原則 （例：図 2.5）	1)　一つの機械操作に対して，複数の機能をもたせる. 2)　道具を作業しやすい形状にする，など

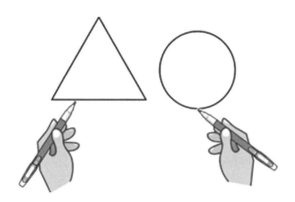

図 2.3　身体使用に関する原則に反する例

　時計回りに三角形を描いてみると，なかなか難しい作業だと感じるのではないだろうか．次に，右手で時計回りに円を描きながら，左手で反時計周りに円を描いてみると，先ほどの作業に比べてずいぶんと楽に感じることだろう.

　次に表 2.3 ②の代表的な例として，再度ホチキス留めの作業を考えてみよう．右利きの人が取りやすいホチキスの置き方は，図 2.4 のイラストのうち左の置

き方である(そのままホチキスを使用することができるから効率が良い).

　最後に表 2.3 ③の代表的な例として, ねじを締めたり緩めたりするのに使用するドライバーを考えてみよう. 同じ刃先でも, 柄の形状が細いものと太いものがある場合, 柄が太いほうが, 遠心力が働くので力が入りやすい. そのため, ハンドルが丸くて回しやすい電気工事作業用のドライバーや, ねじが落下しないように刃先にマグネットが入ったドライバーなど, 作業内容に応じて, さまざまな種類を選択できる. 例えば, 図 2.5 右側(全長が短くなっているドライバー)はスタビードライバーとよばれ, 狭い場所などで使いやすい.

図 2.4　ホチキスの置き方

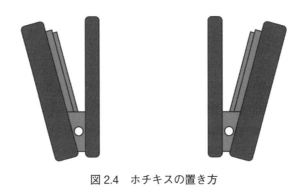

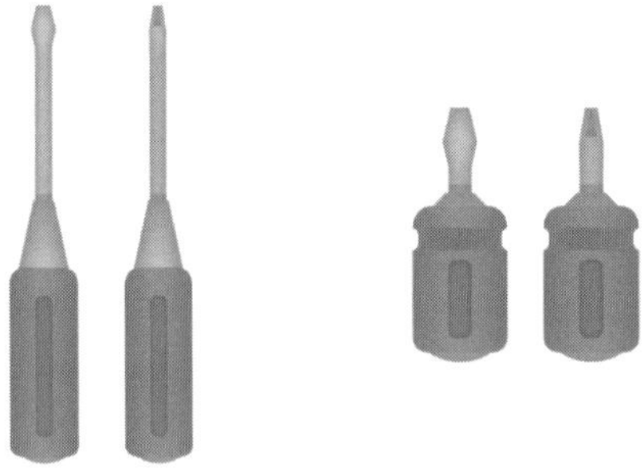

図 2.5　通常のドライバーとスタビードライバー

2.3 時間研究

　動作分析は，動作のムダを除くための手法であるが，それ以外に，動作に必要となる標準的な時間を定め，動作時間を「標準化」するためにも用いられる．
　F. W. テイラー（1856 ～ 1915）[2] は，作業をする際の効率化や合理化の原点である標準（Standard）という概念を導入した．彼は，「働き高に応じて適正に給金が支払われるべき」という考えから，1 日の適正な仕事量を定めたのである．この取組みは，ストップウォッチを用いて仕事の時間を分析する様子から「時間研究」とよばれた．

(1)　標準時間

　時間研究では，対象とする作業を，時間が計測可能な数秒程度の区分である要素作業に分割し，それぞれの要素作業を時間という尺度で定量的に見える化する．その目的は，動作経済の法則の知見にもとづき作業をするのに最良な標準手順（ワン・ベスト・ウェイ）を設定したうえで，熟練作業者がその手順に従って作業した場合の時間である「標準時間（Standard Time：ST）」を定めることである．標準時間とは，「標準的な熟練度を有する作業者が，定められた設備と作業方法を用いて，適切な作業条件のもと，求められる品質の製品を生産するために，一定量の作業を標準の速さで行う際の作業時間」である．
　ではなぜ，この標準時間が必要なのだろうか．一つ目は，作業評価のためである．作業速度が遅すぎれば，生産性が低下し，納期に間に合わないなどの不都合が生じる．一方で作業速度が早すぎても，作業者にムリやムラが生じてしまい，結果的に生産性は低下しやすい．そこで標準時間を設定することにより，作業者は自分自身の作業が早いのか遅いのかを判断することができる．二つ目は，標準時間と実際の作業時間との比較から生産性を把握し作業者の作業遂行を統制することによって，時間や品質のバラツキを抑え込み，生産性の向上につなげていくためである．
　標準時間という予測可能な工数を把握できれば，合理的な生産計画や納期管理も可能になる．これは，具体的には，生産するために必要な作業者や機械設備などの必要工数の算定や人数，人員の配置計画に使用される．また，生産計

画（日程計画）を作成するための基準作業時間の設定にも使用される.

　標準時間の設定は，経営学の歴史上画期的なことであった．テイラーの科学的管理法が確立する以前の「成行管理」では，作業の仕方やスピードは作業者個人が主導権をもっていた．しかし，標準時間の概念が現れたことで，経営者側が計画・管理を通して作業全体を統制できるようになった結果，マネジメントという概念も登場して，企業経営の基礎を築くことになるからである．この標準時間という概念があるからこそ，**図1.2** で示した世界語として通用している改善（Kaizen）が活きてくるのである.

　標準時間は，正味の作業時間以外も含み，**図2.6** のように構成されている．作業標準時間は，正味作業時間と余裕時間に区分けされる．正味作業時間とは，実際に作業者あるいは機械設備が稼働して付加価値を産んでいる時間である．一方で余裕時間とは，機械の調整，作業者の個人的な理由，疲労などによって作業が中断されたために生じる遅延時間である．さらに，余裕時間に対する正味作業時間の割合（＝余裕時間÷正味作業時間）を，余裕率とよぶ．この余裕率は，おおよそ10％程度とされる．もちろん職場環境の厳しさに応じて，適切な余裕率が選択される.

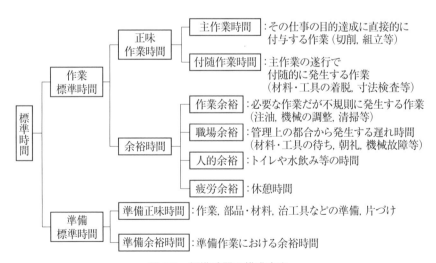

図2.6　標準時間の構成内容

標準時間は，下記の式で求められる．

作業標準時間 = 正味作業時間 + 余裕時間

= 正味作業時間 × (1 + 余裕率)

(2) オーソドックスな時間測定法

標準時間を設定するための方法を，いくつか紹介しよう．

最も伝統的な方法は，作業を観察して時間計測する「直接観測法」とよばれる方法である．そのなかで代表的な手法「ストップウォッチ法」は，各要素作業を実際にストップウォッチで測定して記録する．このとき，測定に際し，ストップウォッチを止めずに観測し続ける「連続観測法」と，要素作業ごとにストップウォッチを止める「反復観測法」とに分けることができる．連続観測法は，測定が楽な反面，観測された時間の精度が悪くなりやすい．

「ストップウォッチ法」の発展形として，作業を録画し，再生画を観察しながら時間を分析する「VTR 法」がある．1980 年代のビデオカメラの普及とともに，生産ラインにおける作業を容易に撮影できるようになり，分析作業は格段に容易となった．正確さの面でも，VTR 法のほうが望ましいとされている．

時間研究の目的は標準的な作業時間である標準時間を定めることであるが，観測対象の作業者が標準的な速度で作業していたという保証はない．観測時は，たまたまのんびり作業を行っていたかもしれないし，慌てて作業してしまったかもしれない．そのため，標準的な速度による作業時間へと変換するために，**図 2.7** のように，レイティング係数による補正を行う．

これらに対し，「ワークサンプリング法」では，一連の要素作業を直接的に観測するのでなく，あらかじめ無作為に定めた時刻に観測者が作業エリアを巡回して作業者や機械を観測し，その瞬間の動きが何の作業であったか記録する．そして，集計したデータにもとづいて作業状態の発生の割合を統計的に推定する．この方法は，広い作業エリアを大まかに把握でき，連続観測のしにくい余裕時間や準備標準時間の定量にも適していて，正味作業時間と余裕時間の割合を客観的に算出できる方法である．また，観測にかかる手間が小さいことも有利である．しかし，統計的な推計誤差を伴うことに加えて，あくまで平均値の推計なので，日々の作業内容の変化・変動などには対応できない．そのため，

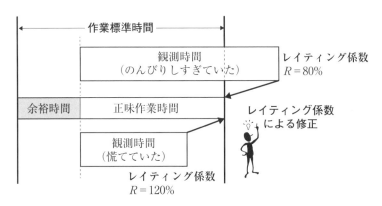

図2.7　レイティングによる観測時間の修正

録画が手軽できるようになった昨今では使われにくい.

(3)　現代的時間測定法

(a)　ビデオ録画を利用する時間分析ソフトウェア

　VTR法は, 録画を何度も再生してムダな動作を特定し, 作業時間を計測しなくてはならなかったが, 2000年前後からPCを用いるようになり, 劇的に進化した.

　例えば「OTRS」[3] [4] というソフトウェアでは, 動作や作業が記録された映像をPCに取り込み, PC上で何度も再生して検討を進め, 問題となる動作の最初と最後をマウスでクリックすることにより, ムダな動作を容易に識別できるようになっている. 図2.8に, OTRSの操作画面の例を示す. ムダな動作を無効動作として指定し, それを除いて再生し, 標準的な作業・動作の設定に用いるとともに, ムダな動作の発生原因を特定するための無効動作の検証や再分析に用いることができる. さらに, PC上で確認しながら, 動作経済の原則やサーブリッグ分析を用いて, 両手の同時動作や動作のタイミングを検討することによって, 動作の改善も容易にしている.

　OTRSで修正して得られる正しい作業の映像は, 作業者教育にも役立つ. 新人や未熟練者は, 再生速度を遅くして作業を覚え, やがては, 標準時間による

図 2.8　小型減速機の組立実習を通じた動作分析の学習例

作業速度による体得を行う．再生速度を速めて何回も練習することにより，ベテランのレベルまでの熟練を目指すことも可能である．このように，適切な速度で繰り返し再生することができるので，これを用いて練習を重ねれば，一定の作業ペースをつかむことができる．

　OTRS には，動画生成や映像比較分析などの機能もある．作業標準を作成する際，ある時点の写真を用いても伝わりにくいという悩みがあるが，レイティングされた標準時間の作業を動画として生成することにより，正しい作業内容や注意点を生産現場に的確にわかりやすく伝えることができる．また，映像比較分析機能を用いれば，例えば熟練者と未熟練者による作業を左右に配置して比較することによって，ムダ，ムリなどの検討がしやすくなる．さらに，人による作業だけでなく，人と機械が協働する作業(2.6 節で説明する連合作業)への利用にも拡大されている．

(b)　ウェアラブル測定装置を利用する時間分析

　ストップウォッチや VTR による時間分析は，周囲の音や環境を含めて直接に生の作業を感じ取ることができ，課題抽出や詳細分析に役立つ反面，データの取得・分析に時間と工数を要する．特に米国では，作業者や分析者にタブレット端末を携帯してもらい，作業者自身が作業状況や実績を入力する取組みが多く見られるが，入力のためにその度作業や動作を中断するため，負担も小さくない．

　これに対して最近の動向として，IT を活用することで測定を効率化したり，広範囲にデータを同時に収集する事例が多く見られている．

　作業者の負担を抑え，かつ動作分類を自動的に行う方法として，リストバンド型センサーを用いた広域の物流現場（倉庫ピッキング作業）の IE 分析手法を開発・実用化させている東芝ロジスティクス社 [5] の報告がある．

　構内のピッキング作業とは，商品と数量が記載された指示書に従い，台車を手押ししながら品揃え・ピッキングするもので，①手作業（ピッキング），②台車移動，③台車移動を伴わない歩行，④探すための静止，の 4 つに分類される．①が主作業時間，②は付随作業時間，③と④は付加価値を産まない，ムダあるいはロスに相当するものである．

　作業者に**図 2.9** に示すリストバンド型センサーを，作業の邪魔にならないよう腕に装着してもらうことで，普段どおりの作業を行いながら，センサーにより 3 軸の加速度データが測定される．そして，回収したリストバンドから，簡易的に重力成分を分離・除去することで，**図 2.9** の下側に示すように 20Hz のサンプリング周期でデータが得られる．ここからさらに，単位時間（1 秒）ごとに合成加速度，平均，分散などの特徴量（統計量）が計算・収集されるが，リストバンドの測定と同時にビデオ撮影した作業の様子とマッチングすれば，該当する動作の正解（①から④の動作）を取得することができる．また，これら 4 区分の動作をディープラーニングにより学習させることで，正解を判定するシステムが兵頭ら [6] から報告されており，実用に耐え得ると思われる正解率（約85％）が得られている．

　図 2.10 は，ある倉庫内のブロック全体の実績と標準の総工数を比較したイメージ図である．総工数は実績が 210（千秒）で，標準が 125（千秒）であり約

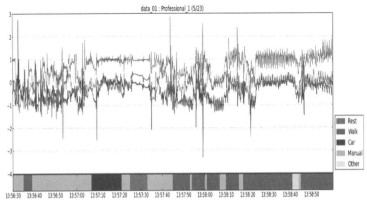

上の写真の出典） ウェザリー・ジャパン：「Mio Slice」(http://weatherly.ok.shopserve.jp/
SHOP/mioSlice.html)
下の画像の出典） 東芝デジタルソリューションズ「ディープラーニング技術：ウェアラ
ブルデバイスによる作業行動推定」(https://www.toshiba-sol.co.jp/tech/
sat/case/1710_2.htm?vm=r)

図 2.9　リストバンド型 3 軸加速度センサー（上）と加速度データのイメージ図（下）

40％ものギャップが生じていることがわかる．特に手作業のピッキングと歩行
に大きな差がある．そこでこのブロックを構成する棚別に比較すると，手作業
と歩行のギャップの大きい棚は，商品配置に問題があり，これを見直すことで
約 15％も作業時間を短くすることができた．さらに棚の段別に分析すると，5
段ある棚の一番上にある棚の実時間が他の棚に比べて大きかったため，この棚
を予備とする改善が行われた．

　このように作業者に負担のかからないウェアラブルの技術を活用し，分析

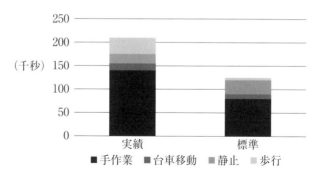

図 2.10　あるブロック全体の実績と標準工数とのギャップ

ツールを組み合わせるシステムを構築することで，作業データの収集・分析にかかる手間と時間を飛躍に短縮することが実現できる.

(4)　PTS 法

時間研究には，観測による方法の他に，PTS(Predetermined Time Standards)法によるアプローチがある. PTS 法とは，要素作業を細かく分解した動作単位に対して，あらかじめ所要時間値を調べておき，標準時間を求める方法である.

例えば，**2.2 節**で取り上げたホチキスで紙束を留める作業は以下のような基本動作に分解することができる.

①　ホチキスに手を伸ばす.

②　ホチキスをつかむ.

③　紙の束に移動する.

④　紙の束をとじる.

⑤　ホチキスを移動する.

⑥　ホチキスを置く.

これらの動作一つひとつに対して，動作内容(移動距離や難易度など)に従う作業時間表を用いて，時間値を当てはめる. そして，各動作の時間値を合計して，標準時間が求められる. この手法は，「動作を観察した内容を，記号化して分析する」という点で，サーブリッグ法の発展であるといえる. つまり，

サーブリッグ法では動作の性質しか示せないが，PTS法では動作の部位，運動量の特性，時間値までを同時に分析することができるのである．この方法は，実作業の時間計測を行わず，レイティングによる作業時間の補正も不要で，誰でも安定した時間値を得ることができる．しかし，分析手法の習得や分析の適用そのものに時間がかかってしまう．また，実際に時間測定を行わないため，手法を誤れば現実の値と乖離してしまう可能性もある．

このようなPTS法の長所と短所をまとめてみると，以下のようになる．

【長所】

① 手作業であれば，どんな作業に対しても分析できる．

② 実施前や頻度の低い作業に対しても，予測値を得ることができる．

③ ストップウォッチによる時間計測が不要である．

【短所】

① 分析手法の習得に相当の時間を要する．

② 動作を一つひとつ切り分けるため，分析の適用にも時間を要する．

③ 手法を誤れば現実の値と大きく乖離してしまう．

PTS法の代表的なものには，以下のようなものがある．

- WF(Work Factor：ワーク・ファクター)法
- MTM(Method Time Measurement：動作時間測定)法
- MODAPTS(Modular Arrangement of Predetermined Time Standards)法

以下に，PTS法の代表的な手法として，WF法の詳細を説明する．

人間の作業は，基本的に身体の各部位による動作で行われる．しかし，同じ腕を動かすのでも，「5kgの荷物を運ぶ」「水をこぼさないように注意して運ぶ」「ぶつからないように注意して運ぶ」など，動作内容によってその難易度が異なる．そこでWF法では，各部位に対し，その動作距離と動作の難易度を示す作業条件を加味することで標準時間を算出する．具体的な以下の4つの条件をもとにして，動作時間を決める．

① 使用される身体部位(指，手，前腕旋回，腕，胴，脚，足)

② その動作距離

③ その際の重量または抵抗

④　その際の困難性(一定の停止，方向の調節，注意，方向の変更)

ここで①と②は，基礎動作(何の抵抗も制限もない状態での動作)が要する時間を決めるものである．さらに，③と④は，動作を遅らせる要素として，WF(ワーク・ファクター)とよばれる．このような身体部位とその移動距離と WF の数(障害の数)の組合せから，動作の難易度が加味されて，具体的な作業時間が WF 動作時間標準表から設定される(**表 2.4**)．

例えば，**図 2.11** のようなスパナの持ち上げ動作は，「男子が前腕で 2kg の工具を 20cm 移動する」という動きに当てはまり，難易度を決める条件は「前腕×移動距離 200mm×重さ 2kg×困難性なし」という組合せになる．この場合の WF の数は，男子で 0.9072 ～ 3.175kg(1 ～ 2 ポンド)は WF1 であり，そこ

表 2.4　WF 動作時間標準表(身体部位：腕)

動いた距離 [mm]		基礎	WF(ワーク・ファクター)			
		0	1	2	3	4
0 ～	37	18	26	34	40	46
38 ～	63	20	29	37	44	50
64 ～	88	22	32	41	50	57
89 ～	113	26	38	48	58	66
114 ～	139	29	43	55	65	75
140 ～	164	32	47	60	72	83
165 ～	190	35	51	65	78	90
191 ～	215	38	54	70	84	96
216 ～	240	40	58	74	89	102
241 ～	266	42	61	78	93	107

重さ [kg]	基礎	WF(ワーク・ファクター)			
	0	1	2	3	4
男子	～ 0.9072	～ 3.175	～ 5.897	～ 9.072	それ以上
女子	～ 0.4536	～ 1.588	～ 2.949	～ 4.536	それ以上

注)　単位：WFU = 0.0001 分.
出典)　生産管理データブック編纂委員会編(1964)：『生産管理データブック』，オーム社をもとに筆者作成.

で, 「前腕」の動作時間標準表(表2.4)を参考にすれば, 54WFU(Work Factor Unit)という値を読み取れる. なお, 1WFU＝1/10000分＝0.006秒であるので, この動作に要する時間は, 54WFU×0.006秒＝0.324秒を標準とする.

図2.12に示す「前腕で満水のコップ(300g)を指定された場所まで20cm移動する」という動きは, 「前腕×移動距離200mm×重さ0.3kg×(困難性：一定の停止, 注意)」という組合せになる. この場合は, 重さによる障害はないが, 動作の困難性が2個(一定の停止, 注意)あるので, WFは2となり, 表2.4から70(WFU)を得て, 0.420秒という標準作業時間を定めることができる.

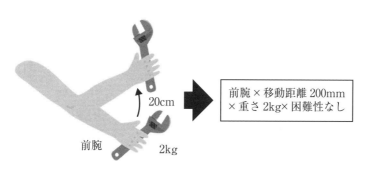

前腕×移動距離200mm
×重さ2kg×困難性なし

図2.11 ワーク・ファクターによる動作の分解 その1

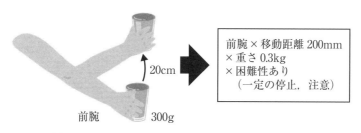

前腕×移動距離200mm
×重さ0.3kg
×困難性あり
 (一定の停止, 注意)

図2.12 ワーク・ファクターによる動作の分解 その2

2.4　ECRS 分析

　動作分析(**2.2 節**)や時間研究(**2.3 節**)によって動作・作業のなかのムダが見える化された後は，それらに対する改善策を検討する．ECRS とは，改善のためのアイデアを発想する際に活用するもので，改善のポイントとなる行動を意味する 4 つの英単語の頭文字である．それぞれ，E(Eliminate：排除)，C(Combine：結合)，R(Rearrange：置換)，S(Simplify：簡素化)を示す．

- 「排除」：ムダを生む作業自体をなくすことができないか．
- 「結合」：複数の動作・作業を組み合わせることでムダをなくせないか．
- 「置換」：動作の順番を入れ替えたり，別の作業に置き換えることでムダをなくせないか．
- 「簡素化」：ムダを生む作業内容を単純なものにできないか．

　ECRS 分析には，取り組むべき順序がある．

　まず最初に，排除を検討することが最も重要と考えられている．なぜなら，ムダな作業(例えば，検査や測定など)の存在自体をなくしてしまうことができれば，それにかかる時間も，人手も，コストもそのまま不要になるからである．

　排除が検討できたら次には，結合による改善に取り組む．作業内容を一つにまとめることで，業務の効率化が望める．また，似ている複数の動作・作業があれば，それらを組み合わせることで，作業員や設備などを削減することも期待される．あるいは逆に，類似していない動作を分離することも有効である．適合・分離を適切に組み替えて取り組むことで，各工程内の動作の類似性が高まり，作業員が作業しやすくなるという効果が得られる．

　こうして排除と結合による改善が終わった後は，置換による改善に取り組む．ここでは，作業の順序を検討したり，担当する作業者や作業場所を入れ替えたりすることが検討される．

　最後に取り組むのは簡素化である．ここでは，作業自体のあるべき姿を改めて検討し，固定概念にとらわれずに，単純な作業への置換えを検討する．

　以上の流れを念頭にして，**表 2.5** の「ホチキスで資料を留めるための作業」に対して，ECRS 分析を行い，どのような改善案が発想されるか見てみよう．

　まず最初に，排除の視点で，ホチキス留め作業自体を排除できないかどうか

表 2.5 ホチキスで資料を留めるための作業

資料を ホチキスで 留める	一部ずつ 取る	印刷した資料 A, B, C の各束を机上に並べる.
		右手で資料 A を一部取り, 左手に渡してつかむ.
		右手で資料 B を一部取り, 左手の束に合わせる.
		右手で資料 C を一部取り, 左手の束に合わせる.
	紙の束を 揃える	左手で持つ資料に右手を添える.
		両手で机上にたたき, 束の両端を揃える.
	ホチキス 留め	左手で資料を保持する.
		ホチキスに右手を伸ばす.
		ホチキスを右手でつかむ.
		両手でホチキス留めする位置を固定する.
		ホチキスを使用して針を留める.
		資料を左手で机に置く.
		ホチキスを右手で置く.

検討してみると以下のような発想が生まれる.

- 縮小印刷, あるいは印刷用紙を大きいサイズとし, 一枚に収めればホチキス留めは不要になる.
- 印刷機の自動で針を留める機能を用いても, 人間が行うホチキス留め作業はなくなる.

次に, 結合の視点で考えてみると, 例えば, ホチキスをつかむ動作は, 他の動作に組み合わせることができる. 図 2.13 のように, 資料を取りホチキス留めするまでの一連の動作を, ホチキスをつかみながら行うことで, 毎回, 机の上のホチキスを探してつかむ動作がなくなる. それにより, 作業時間も短縮されるだろう.

さらに, 置換の視点で考えてみると, 例えば, 右手で行っていた動作を左手に置換え, 図 2.14 のように, 右手で資料 A, 左手で資料 B を同時に取れば, 片手のみで行っていた作業が両手での作業となり, 効率が上がる.

最後に, 簡素化の視点で考えてみると, 例えば, ホチキスではなく, 簡易なクリップやシールで留めることもできるかもしれない.

以上のように, 改善のアイデアを発想するためには, 見える化されたムダに

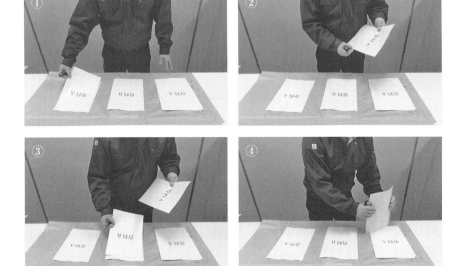

注)　①→②→③→④の順

図 2.13　ホチキスをつかんだまま紙を取り揃える動作

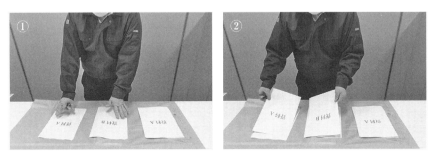

図 2.14　両手作業

対して ECRS の視点で自分自身に問いかけてみることが有効であり，ムダを
なくすための具体的なアイデアを検討することができる．

　ECRS による改善事例は，身近に数多くある（図 2.15）．

　例えば，スーパーのレジである．一昔前はレジ係がお客様からお金を受け

図 2.15　身の回りでの ECRS の適用例

取った後，レジを打って釣銭を計算していたが，最近は受け取ったお金を挿入するだけで，釣銭が自動的に計算されて出てくる機械が導入されている．これはまさに，釣銭を計算し，それを取り出すという作業を排除したことになる．また，セルフレジも普及してきている．これは，従業員による会計作業を顧客による作業に置き換え，省人化を進めているものである．別の例として，高速道路の料金所を思い浮かべてほしい．今では当たり前になっている ETC は，料金所でお金を支払うという作業を排除している．これにより，自動車はいちいち停止する必要がなくなった．これは，自動車を製品と見立てた際には，まさにスループットの向上となる．さらに近年では，減速する必要もなく料金の支払いができるシステムが海外の一部で実用化され始めている．

　もちろん，ものづくり現場においても，ECRS の視点により，さまざまな改善がなされている．例えば，段取り時間にムダが発生していれば，機械運転や作業を中断しなくてもできる段取り方法として，「外段取り」が進められる．具体的には，ワークが到着する前の金型の事前部分的な組み立て準備やプレヒーティングなどが実践されている．また他のやり方としては，IoT を活用した改善もあり，センサーで作業員の行動を読み取り，行動を先読みして，部品を準備したり，作業を手伝ったりすることで段取り時間のムダを改善している．

2.5　工程作業分析

　本節では，2.1 節に示したマクロな視点として，工程に着目した作業分析を紹介する．

表 2.6　動作・要素作業・単位作業・工程の関係(例)

工程	単位作業	要素作業	動作
配布資料の準備	資料を印刷する	…	… 省略 …
		…	… 省略 …
		…	… 省略 …
	資料をホチキスで留める	一部ずつ取る	印刷した資料 A, B, C の各束を机上に並べる.
			右手で資料 A を一部取り, 左手に渡してつかむ.
			右手で資料 B を一部取り, 左手の束に合わせる.
			右手で資料 C を一部取り, 左手の束に合わせる.
		紙の束を揃える	左手で持つ資料に右手を添える.
			両手で机上にたたき, 束の両端を揃える.
		ホチキス留め	左手で資料を保持する.
			ホチキスに右手を伸ばす.
			ホチキスを右手でつかむ.
			両手でホチキス留めする位置を固定する.
			ホチキスを使用して針を留める.
			資料を左手で机に置く.
			ホチキスを右手で置く.
	資料を配布する	…	… 省略 …
		…	… 省略 …
		…	… 省略 …

　2.2 節において, 要素作業とは時間測定が可能な最小単位であった. 要素作業が集まり, 作業が完結する最小のまとまりのことを「単位作業」とよぶ. 単位作業をそのまま工程とすることもあるし, いくつかの単位作業をまとめて工程とすることも多い. 例として, 配布資料の準備を一つの工程として考え, 動作・要素作業・単位作業の関係を示そう(**表 2.6**).

(1)　作業編成・工程編成
　工程がライン化されている連続生産を想定し, 一日当たりの目標生産量が決められたときに, どのくらいの標準時間であれば, 目標生産量を達成できるで

あろうか.

　製品が生産される時間間隔は，ピッチタイム（もしくは，タクトタイム）とよばれ，生産の目標数を達成するためのピッチタイムは目標ピッチタイムとよばれる．目標ピッチタイムは，以下の式により求めることができる.

　　　　目標ピッチタイム＝正味稼動時間／目標生産量

　例えば，図2.16に，あるライン生産作業と，各工程の正味の作業時間が示されている．このとき，ピッチタイムは各作業のなかで最も時間がかかる工程②の64秒である．ここで，他の作業をどんなに早く終了させたとしても，工程②が終わるまで，次の作業（工程③）に入ることができない．このように，時間が最もかかってしまう工程をボトルネックとよび，ボトルネックとなる工程の作業時間をネックタイムとよぶ.

　1カ月（20営業日）の間でA製品8000個をライン作業で生産するとする．一日当たりのラインの正味稼働時間を8時間とすると，目標ピッチタイムは以下

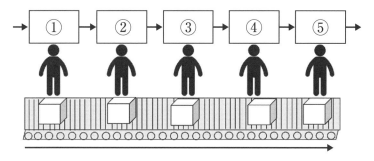

工程	作業時間
①	42 秒
②	64 秒
③	34 秒
④	28 秒
⑤	44 秒
合計	212 秒

図2.16　あるライン生産作業とその作業時間

となる.

$$
\underset{\text{(ラインの正味稼動時間)}}{20 \times 8 \times 60(\text{分})} \quad / \quad \underset{\text{(生産量)}}{8000(\text{個})} \quad = \quad \underset{\text{(目標ピッチタイム)}}{1.2\,\text{分/個}}
$$

つまり，1.2 分(72 秒)に一個が生産され続ければ，必要生産数である 8000 個を生産することができる. もちろん，不良発生が見込まれる場合には，不良の発生数分を含めて生産量を多めに設定する必要がある. 仮に，8000 個を必要生産数とするなかで推定不良発生率を 1% と見込んだ場合には，8000 ／ 0.99 ＝8080.80…より 8081 個を生産予定とする. 同様にして，**2.3** 節に示した余裕時間と準備時間，あるいは故障発生などラインが停止すると見込まれる時間も，あらかじめ正味の稼働時間から除外する.

　図 2.16 の各工程のピッチタイムを，目標ピッチタイムに対して見える化したグラフを，ピッチダイアグラムといい，**図 2.17** のとおりである.

　ピッチダイアグラムを使い，作業の編成効率を求めてみると，編成効率は以下の式で定義される.

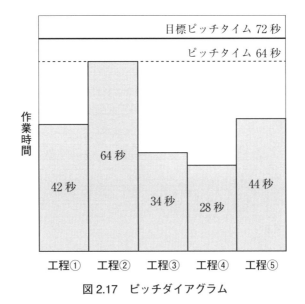

図 2.17　ピッチダイアグラム

（総作業時間）　（ネックタイム×工程数）　（ライン作業の編成効率）

212（秒）　／　（64（秒）×5（工程））　＝　　66.25（％）

ライン作業分析では，ピッチダイアグラムを作成し，ライン作業の編成効率として，工程間のムダ（ライン編成の非効率性）や作業時間のばらつき（ムラ）を見える化する．

(2)　工程の分割とバランス

若干複雑な次の例題を用いて，ピッチダイアグラムによる工程編成を確認してみよう．

【例題】

　ある製品 Z を生産する作業を，8 つの要素作業に分解し，それぞれの作業時間と作業の先行作業が，**表 2.7** と **図 2.18** に示されている．先行作業とは，その作業が行われる前に先行して行われていなければならない作業である．**表 2.7** より，例えば要素作業 7 が行われる前には，要素作業 5 と要素作業 6 が終了していなければならない．

　さて，このとき商品 Z を 1 日に 40 個生産する計画を立てる場合，1 日のラインの正味稼働時間が 8 時間であるとしたとき，8 個の要素作業をどのように作業編成すればよいだろうか．

上記の例題で，8 つの要素作業を一つの工程として編成すれば，ピッチタイムは 38 分（製品 Z を生産するのに必要な合計作業時間）となるので，$8 \times 60 / 38 = 12.63\cdots$ より 1 日に 12 個しか生産することができない．ここで，工程を 2 つ均等に分割できたとすると，ピッチタイムは 19 分となるが，それでも $8 \times 60 / 19 = 25.26\cdots$ より 1 日に 25 個ほどしか生産できないことがわかる．

そこで，1 日 40 個の生産を達成するための目標ピッチタイムを求める．

（ラインの正味稼動時間）　（生産量）　（目標ピッチタイム）

8×60（分）　　／　40（個）　＝　　12 分／個

この目標ピッチタイムを用いて，必要な工程数は以下のように求まる．

表 2.7　製品 Z を生産するための要素作業の作業時間と先行作業

要素作業	作業時間	先行作業
1	5分	なし
2	7分	1
3	4分	1
4	6分	3
5	3分	2
6	3分	4
7	5分	5, 6
8	5分	7
合計	38分	

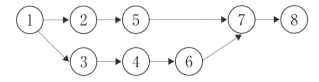

図 2.18　製品 Z を生産するための要素作業の先行順位関係

（製品 Z の総作業時間）　（目標ピッチタイム）　　　　（必要な工程数）

38(分)　　　／　　12(分／個)　＝3.166 個→　4 工程

　つまり，最低でも 4 工程に分割しなければ，目標ピッチタイムである 12 分を達成することができないことになる．

　このことから，要素作業の先行順位関係に注意をしながら，8 つの要素作業を 4 工程に分割して，表 2.8 のように割り付けてみると，ピッチダイアグラムは図 2.19 となる．目標ピッチタイムは達成しているが，ボトルネックとなっている工程 1 の負荷が，他の工程に比べて大きい様子が確認できる．このとき，ライン作業の編成効率は，以下のようになる．

（総作業時間）（ネックタイム×工程数）（ライン作業の編成効率）

38(分)　　／　　(12(分)×4(工程))　　＝　　　79.2(%)

　これをさらに改善してみよう．先行順位関係に注意しながら，要素作業の割り付け方を表 2.9 のようにしてみると，ピッチタイムは 10 分と短くなった．

表 2.8　製品 Z の要素作業の割り付け

	工程1	工程2	工程3	工程4
要素作業	1	3	4	7
	2	5	6	8
作業時間	12分	7分	9分	10分

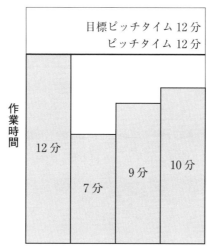

図 2.19　製品 Z を生産するライン作業のピッチダイアグラム

表 2.9　製品 Z の要素作業の割り付け（改善後）

	工程1	工程2	工程3	工程4
要素作業	1	2	4	7
	3	5	6	8
作業時間	9分	10分	9分	10分

このときのピッチダイアグラムは図 2.20 のとおりであり，目標ピッチタイムが達成されているだけでなく，さらに各工程の負荷のばらつきが小さくなっている様子がわかる．

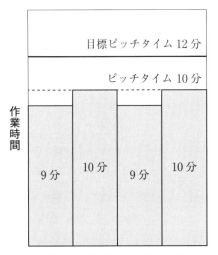

図2.20　製品Zを生産するライン作業のピッチダイアグラム(改善後)

以上から，ライン作業の編成効率は以下のとおりになる.

　　(総作業時間)　(ネックタイム×工程数)　(ライン作業の編成効率)

　　　38(分)　　／　(10(分)×4(工程))　　=　　　95.0(%)

このように，ライン作業に対してピッチダイアグラムを作成することにより，作業時間のばらつき(ムラ)が見える化される.ボトルネックとなる作業に対して，要素作業や動作にまで細かく分解し，バランスよく他工程へ要素作業を割り付ける作業分析によって，ムダの排除を行う.

逆に，作業者の方を他工程へ移しバランスをとる方法も効力がある.例えば，**図2.21**では，工程3の作業時間が目標ピッチタイムを超えている.この場合，担当2名で余裕のある工程2から作業員1名を工程3に移動してもらうことが考えられる.あるいは，工程3の作業内容を細かく要素作業に分割し，工程2に一部を振り分けることも考えられる.ただしこの場合は，工程2の作業者は多能工として工程3を作業できることが前提となる(多能工育成は**4.3節**で解説する).このように，ピッチダイアグラムによりライン作業に潜むムダの存在を見える化することで，ムダを排除する.

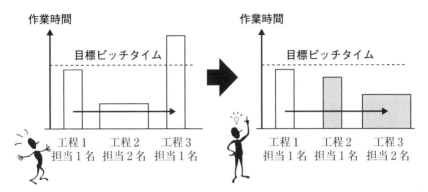

図 2.21　ピッチダイアグラムによる問題の見える化

2.6　連合作業分析

　現代のものづくり現場では，作業者の主作業が製造機械の操作や監視となっていることも少なくない．機械にセットさえすれば，しばらくの間，作業者はその機械と無関係の別の作業を行っていても，機械により安定したピッチタイムで生産を進めることができる．このように，作業者が，機械設備や他の作業者と関係なく別途行うことができる作業を「単独作業」とよぶ．

　これに対して，装置の前準備や段取替には作業者が必要であるが，このように機械設備と他の作業者が協働する作業は「連合作業」とよばれる．この場合は，連合作業分析が有効である．

(1)　マン・マシンチャート(M-M チャート)

　連合作業分析では，M-M チャート(マン・マシン・チャート)を作成し，作業者同士や人と機械の稼働・非稼働とを関連付けて見える化することで，作業の当事者では気がつきにくい改善点を明らかにする．

　図 2.22 は一人の作業者が中型プレス機械を用いて絞り加工を行う例である．

　プレス機械と作業者による連合作業が行われる前と後に，ワークの設置，機械の調整，ワークの搬出などの単独作業が発生している．また，作業者が独立に作業を行う場合と，機械と作業者が同時に動く場合があり，単独作業と連合

中型プレス機械での絞り加工作業　　　　ピッチタイム：　86秒

0	プレス機	(秒)		作業者	(秒)
10	停止	30		被加工材搬入	10
20				潤滑油を塗布	12
30				被加工材を設置	4
				ストロークの調整	4
40	プレスが上下移動 (三回)	38		プレス機の操作	10
				ストロークの調整	4
50				プレス機の操作	10
60				ストロークの調整	4
				プレス機の操作	10
70	停止	18		金型を開く	4
80				清掃	6
(秒)				加工品を搬出	8

■：単独作業　　　　　□：連合作業

図2.22　「1設備－1作業者」のM-Mチャートの例

作業が混在していることもわかる．このようにM-Mチャートにより，一連の作業における連合作業の様子を視覚的に捉えることができる．

　さらに，ピッチタイムに対して，稼働時間と非稼働時間の割合を算出することができる．この例では，ピッチタイム86秒のなかで，プレス機が稼働する時間は38秒である．ここから，稼働率は44.2%（＝38秒/86秒）と計算できる．

(2) マン・マシンチャートによるムダの発見と排除

次に，一人の作業者が複数の機械設備を扱う場合として，2台の射出成形機による「2設備−1作業者」の連合作業分析用 M-M チャートの例を示す．

図 2.23 では，作業者が成型機 2 台分の成形材料をまとめて準備した後に，成形機 1 を用いて成形品 A の生産に取り掛かる．

まず，作業者と機械設備の連合作業として，成形機の調整作業が行われる．調整終了次第，成形機 1 が稼働し，成形品 A が続々と生産されていく．作業者は成形機 2 の調整作業に進み，成形品 B の生産が始まる．成形機から取り出されたワークは，後処理として，作業者によるゲート部分の切断作業が必要である．この一連の作業はピッチタイム 120 分となっている．

連合作業では，お互いの作業を始めるタイミングが合わないと，手待ちが発生してしまう．図 2.23 中では，成形品 A のゲート切断が終了した後で，成形品 B の生産がまだ終わっていないため，作業者は次の作業(連合作業)を進めることができない．実際に作業を行っている時間は，作業者は 80 分，成形機 1 が 50 分，成形機 2 は 80 分である．よって，このときの稼働率は，作業者が

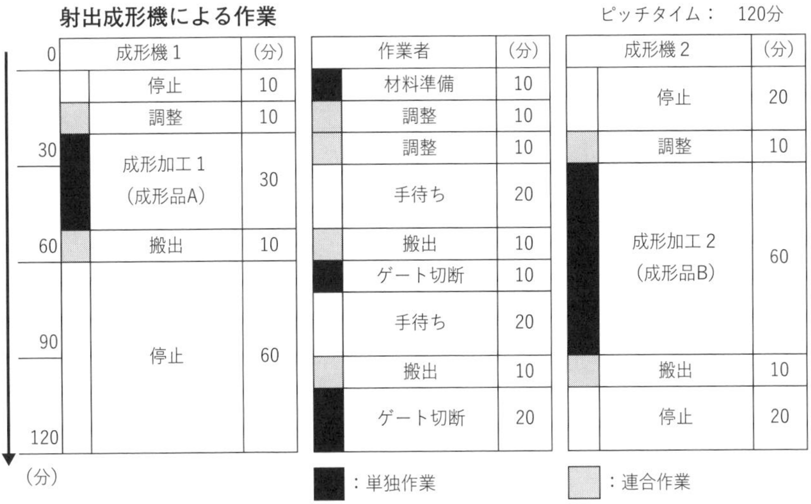

射出成形機による作業

ピッチタイム： 120分

成形機1	(分)	作業者	(分)	成形機2	(分)
停止	10	材料準備	10	停止	20
調整	10	調整	10		
成形加工1 (成形品A)	30	調整	10	調整	10
		手待ち	20	成形加工2 (成形品B)	60
搬出	10	搬出	10		
		ゲート切断	10		
停止	60	手待ち	20		
		搬出	10	搬出	10
		ゲート切断	20	停止	20

■：単独作業　□：連合作業

図 2.23 「2設備−1作業者」のM−Mチャート(改善前の例)

射出成形機による作業　　　　　　　　　　　　　　　　　　　ピッチタイム：　110分

0	成形機 1	(分)
	停止	20
30	調整	10
	成形加工 1 (成形品A)	30
60		
	搬出	10
90	停止	40
110		

作業者	(分)
材料準備	10
調整	10
調整	10
手待ち	30
搬出	10
ゲート切断	10
搬出	10
ゲート切断	20

成形機 2	(分)
停止	10
調整	10
成形加工 2 (成形品B)	60
搬出	10
停止	20

(分)　　　　　　　　　　　　■：単独作業　　　　　　　　□：連合作業

図 2.24　「2 設備－1 作業者」の M－M チャート (改善後の例)

66.7 %（=80 分 /120 分），成形機 1 が 41.7 %（=50 分 /120 分），成形機 2 が 66.7 %（=80 分 /120 分）であった．

　そこで，成形機を使用する順番を入れ替える改善を行ったものが，**図 2.24** である．この場合では，ピッチタイムを 110 分と短縮することができた．さらに稼働率は，作業者が 72.7 %（=80 分 /110 分），成形機 1 が 45.5 %（=50 分 /110 分），成形機 2 が 72.7 %（=80 分 /110 分）と，ピッチタイムが短縮されたことにより改善された．

　作業者と機械設備との連合作業以外に，作業者同士の連合作業に対してもマン・マシンチャートを適用できる．**図 2.25** では，ある中型製品の最終組立作業を作業者 1，作業者 2，作業者 3 による連合作業で行う様子が示されている．

　一連の作業のなかで，仕掛品の搬入・搬出作業や，大型の部品・カバーの組み付け作業は連合作業である．ピッチタイムは 80 秒であるが，作業者 1 が実際に作業を行っている時間は 66 秒，作業者 2 は 60 秒，作業者 3 は 58 秒となっているから，稼働率は，作業者 1 が 82.5 %（=66 秒 /80 秒），作業者 2 が 75.0 %（=60 秒 /80 秒），作業者 3 が 72.5 %（=58 秒 /80 秒）となる．

　ここで，上記の組立作業を，2 人の連合作業で行うよう作業内容の改善を検

中型製品の最終組立作業

ピッチタイム：　80秒

0	作業者1	(秒)		作業者2	(秒)		作業者3	(秒)
10	仕掛品搬入	10		手待ち	10		ホイスト操作	10
20							配線作業	16
30	ネジ締め1	8		ネジ締め2	8		配線カバー取付け	6
	ネジ締め3	8		大型カバーを取りに行く	14		手待ち	14
40	手待ち	6						
50	大型カバー取り付け	12		大型カバー取り付け	12		次の仕掛品の搬入準備	16
60	手待ち	8		検査	8			
70	ラベル貼り	6		検査データ入力	6		手待ち	8
80	製品搬出	10		手待ち	10		ホイスト操作	10

(秒)

■：単独作業　　　　　□：連合作業

図2.25　「複数作業者」によるM−Mチャート（改善前の例）

討する．例えば，作業者3が行っている作業（ホイスト操作，配線作業，次の搬入準備など）を，作業者1と作業者2に割り付けてみると，その結果は**図2.26**のようになる.

　これにより，作業者3がこの組立作業を担当する必要がなくなり，作業者3は，例えば人手の足りていない他の現場や他部門で作業することができる．さらに稼働率も，作業者1が96.0％（＝90秒/94秒），作業者2が100.0％（＝94秒/94秒），と大幅に改善されている.

(3)　複雑な連合作業の実施例

　現実の工程は，はるかに複雑である．**2.6節**(2)で紹介した複数の作業者や機械による連合作業だけでなく，共通治工具の確保，バッチ作業，作業開始タイミング制約など，スループットを下げてしまう要因と日々戦っている.

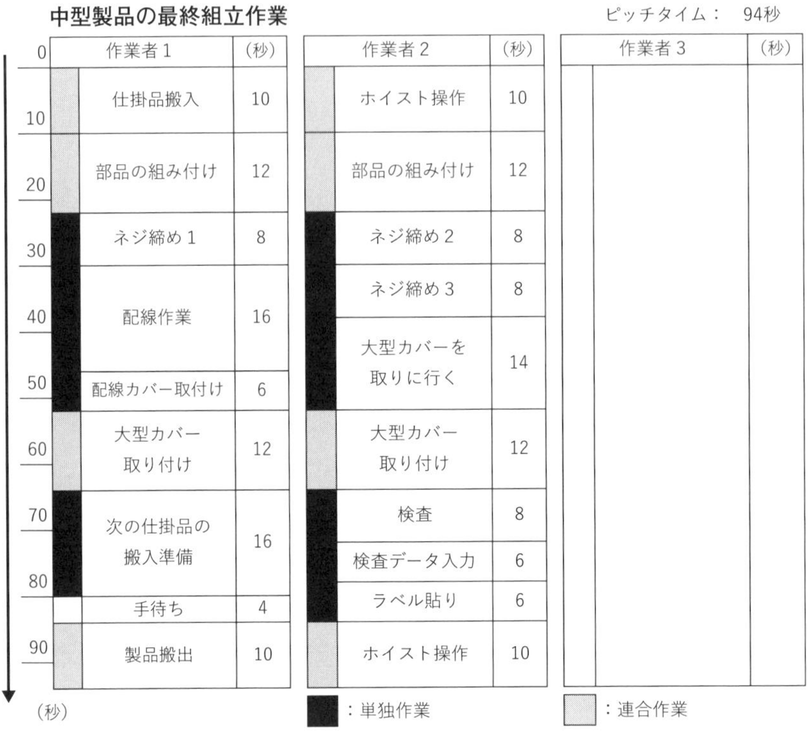

中型製品の最終組立作業 ピッチタイム： 94秒

	作業者1	(秒)	作業者2	(秒)	作業者3	(秒)
	仕掛品搬入	10	ホイスト操作	10		
	部品の組み付け	12	部品の組み付け	12		
	ネジ締め1	8	ネジ締め2	8		
	配線作業	16	ネジ締め3	8		
			大型カバーを取りに行く	14		
	配線カバー取付け	6				
	大型カバー取り付け	12	大型カバー取り付け	12		
	次の仕掛品の搬入準備	16	検査	8		
			検査データ入力	6		
	手待ち	4	ラベル貼り	6		
	製品搬出	10	ホイスト操作	10		

(秒) ■：単独作業 □：連合作業

図2.26 「複数作業者」による M－M チャート(改善後の例)

　筆者が支援した航空機用ガラス部品製造の例を紹介しよう．ここでは，工程数(単位作業の種類数と考えてもよい)は 33 あったが，ライン生産するほどの需要量はなかったため，「2 名の作業者が作業を選び生産を進める方式」をとっていた．そして，このときの課題は，数週間から数カ月ある生産所要期間(サイクルタイム *CT* に相当)の間に，「いかにムダなく工程を編成し，連合作業によるロスを減らすのか」であった．

　上記における工程条件は**表2.10**のとおりで，配置される人員数，治工具数と作業時間は**表2.11**に示した．

　このとき例えば，第3工程(前加工2)は，治工具 J1 を必要とし(ただし第2，28，29工程と取り合いになる)，1枚当たりの加工時間は 1.5 時間である．また，

表 2.10 工程条件

	工程名	工数(1)	必要人員	ロット(2)	加工型治具(3)	容器型治具(4)	接続時間(5)	サーバ(6)
1	前加工準備	0.50	1	1				2
2	前加工1	1.50	1	1	J1			2
3	前加工2	1.50	1	1	J1			2
4	前加工3	0.40	2	1	J2			1
5	前加工4	0.25	1	1	J3			1
6	熱処理準備1	0.35	2	1		J4		1
7	熱処理1(7)	0.20	1	1			0	1
	CURE1	0.66	0	1			0	1
8	熱処理2	0.05	1	1			0	1
	CURE2	0.28	0	1			0	1
9	熱処理3	0.05	1	1			0	1
	CURE3	0.28	0	1			0	1
10	熱処理4	0.05	1	1			0	1
	CURE4	0.28	0	1			0	1
11	熱処理5	0.05	1	1			0	1
	CURE5	0.28	0	1			0	1
12	熱処理6	0.05	1	1			0	1
	CURE6	0.28	0	1			0	1
13	熱処理7	0.05	0	1			0	1
	CURE7	0.28	0	1			0	1
14	熱処理8	0.05	1	1			0	1
	CURE8	9.00	0	1				1
15	熱後処理1	0.60	2	1		↓		1
16	前検査1	0.30	1	1	J3			1
17	前検査2	0.50	1	1	J6			1
18	後加工1	0.35	2	1	J2			1
19	後加工2	0.30	1	1				2
20	熱処理準備2	2.00	1	1		J7		1
21	熱処理9(8)	1.00	1	1			0	1
	CURE9	9.00	0	1		↓		1
22	熱後処理2	1.00	1	1		↓		1
23	片づけ	0.50	1	1				2
24	後検査1	2.00	1	2				1
25	後検査2	0.25	2	2	J6			1
26	後検査3	1.00	1	2	J6			1
27	後検査4	1.25						1
28	最終加工1	1.50	1	1	J1			2
29	最終加工2	1.50	1	1	J1			1
30	最終加工3	0.30	1	1				1
31	最終加工4	0.30	2	1	J2			1
32	最終加工5	0.30	1	1				2
33	片づけ	0.20	1	1				2

⑴ 1枚当たり作業時間 hr/枚 ⑵ 1回作業枚数. 指定数を得るまで作業できない. ⑶ 作業時だけ必要な治工具
⑷ 数工程にわたり作業待ち中も含めて必要な治工具. コンテナ・型枠・炉・冷蔵庫など.
⑸ 次工程までの接続時間. 0の場合はただちに次工程を開始し, 必要資源は他工程を中断して確保する. 空欄は制約なし.
⑹ 同時併行作業可能数 ⑺ 安全確認のため, 午前中に作業する. ⑻ 同じく, 午後休憩前に作業する.

表2.11　配置資源

人員：2名　　　作業時間 8:40-11:40　12:30-14:50　15:20-17:10
治具：J1 は 2 個，他は各 1 個

第25工程(後検査2)は2人作業で，しかも必ず2枚単位で検査するので，2枚目が第24工程を終えるまで1枚目は滞留する．第7〜14工程は熱処理で，工程加工が完了したら，定められている経過時間のなかで必ず次工程を開始しなければならない．しかし，作業者は炉に入っているワークを待つ必要はなく，その間は別の作業を行い，炉から出る時間になれば別の作業を中断して，次の熱処理工程に取り掛かる．

このような工程においては，人員，治工具，ワーク数など的確に連合できないと干渉を引き起こすので，効率的な進行ができず，加工待ちのムダが多発する．それ以外にも，例えば次作業が2名作業である場合，先に手空きになりそうな作業者は，ゆっくり作業するムラが見られた(つまり，**2.3節**(2)の時間研究におけるレイティング係数が低い状態)．また，逆の作業者には，相手をできるだけ待たせないよう速く作業するムリも起きていた．

工程全体はかなり複雑な連合作業であるから，作業計画は簡単には作成できない．そのため，現場では大きな制約としての製品納期を考慮する一方で，その場その場で作業できる(治工具や人員の制約を満足する)ワークを探していた．場当たり的といえるが，実のところ，こういう現場は多いものである．

連合作業は原理的にマン・マシンチャートの応用で改善できるはずである．しかし，関係する要素が多く複雑なので，シミュレーションにより最適化することとし，その結果は，作業者A，Bごとにその日の作業計画(小日程計画)として得られる．**表2.12**に一例を示す．

表2.12では，マン・マシンチャートがそのまま作業指示を兼ねており，2名の連合作業(前加工3)は $$ で表され，作業者AとBで同じスケジュールになっている($$ は2回見られるので2枚加工する)．熱処理工程の時間制約も考慮され，例えば作業者Aは9:32に前加工1を中断して，熱処理2をセットする．このとき，作業者Aは17:03に作業終了するが，作業者Bは，17:40まで作業(残業)する計画となっている．

表2.12 作成した日程計画の第2日

作業者A

DAY	TIME			工程名	
2	8:40	7		熱処理1	開始
2	8:52	7		熱処理1	終了
2	8:52	1		前加工準備	開始
2	9:22	1		前加工準備	終了
2	9:22	2		前加工1	開始
2	9:32	2		前加工1	中断
2	9:32	8		熱処理2	開始
2	9:35	8		熱処理2	終了
2	9:35	2		前加工1	再開
2	9:52	2		前加工1	中断
2	9:52	9		熱処理3	開始
2	9:55	9		熱処理3	終了
2	9:55	2		前加工1	再開
2	10:58	2		前加工1	終了
2	10:58	3		前加工2	開始
2	11:40	3		前加工2	休憩
2	12:30	$$	4	前加工3	開始
2	12:54	$$	4	前加工3	終了
2	12:54	$$	4	前加工3	開始
2	13:18	$$	4	前加工3	終了
2	13:18	3		前加工2	再開
2	14:06	3		前加工2	終了
2	14:06	2		前加工1	休憩
2	14:50	2		前加工1	休憩
2	15:20	2		前加工1	再開
2	15:33	2		前加工1	終了
2	15:33	3		前加工2	開始
2	17:03	3		前加工2	終了
2	17:03				手待ち

注) $$ は2名作業を示し，作業者AとBで同じスケジュールになっている．資源制約のため，Aは17:03以降作業できるジョブがなくなり，手待ちになる．しかしBは，17:40まで作業（残業）する．また，熱処理工程のため，例えばAは，9:32に前加工1を中断している．

作業者B

DAY	TIME			工程名	
2	8:40	3		前加工2	開始
2	10:09	3		前加工2	終了
2	10:09	1		前加工準備	開始
2	10:11	1		前加工準備	中断
2	10:11	10		熱処理4	開始
2	10:14	10		熱処理4	終了
2	10:14	1		前加工準備	再開
2	10:31	1		前加工準備	中断
2	10:31	11		熱処理5	開始
2	10:34	11		熱処理5	終了
2	10:34	1		前加工準備	再開
2	10:45	1		前加工準備	終了
2	10:45	2		前加工1	開始
2	10:52	2		前加工1	中断
2	10:52	12		熱処理6	開始
2	10:55	12		熱処理6	終了
2	10:55	1		前加工準備	開始
2	11:11	1		前加工準備	中断
2	11:11	13		熱処理7	開始
2	11:14	13		熱処理7	終了
2	11:14	2		前加工1	再開
2	11:31	2		前加工1	中断
2	11:31	14		熱処理8	開始
2	11:34	14		熱処理8	終了
2	11:34	1		前加工準備	再開
2	11:47	1		前加工準備	終了
2	12:30	$$	4	前加工3	開始
2	12:54	$$	4	前加工3	終了
2	12:54	$$	4	前加工3	開始
2	13:18	$$	4	前加工3	終了
2	13:18	5		前加工4	開始
2	13:33	5		前加工4	終了
2	13:33	2		前加工1	再開
2	14:50	2		前加工1	休憩
2	15:20	2		前加工1	再開
2	15:42	2		前加工1	終了
2	15:42	1		前加工準備	開始
2	16:12	1		前加工準備	終了
2	16:12	2		前加工1	開始
2	17:42	2		前加工1	終了

表 2.12 の作業計画を実行し，工数集計してみると，これまでの実績工数から予想外に 20 〜 30 ％も削減されたことがわかった．このケースでは作業方法を変更したわけではなく，マン・マシンチャートに相当する細かな日程計画を明示したことにより，各作業に潜むムダ・ムラ・ムリが削減されたものと考えられる [8]．

2.7　現代への適用

　本章で紹介した動作・作業の分析手法は，20 世紀前〜中半に米国で確立した内容を主とするが，現代でもそのまま威力を発揮する．しかし，20 世紀後半に工場のオートメーションが進み，ものづくり作業が人間から機械装置に置き換わるにつれ，動作・作業の IE アプローチは，徐々に影が薄くなった感は否めない．ところが時代が進み，生産ラインそのものがターンキー式 [2)]で調達できる現代になると，高い生産効率は均しく達成できている一方で，逆に差別化要素がなくなってきているという皮肉な事態が起きている．現代あるいは近未来の第 4 次産業革命時代を見据えて，機械や情報通信が高度化したことが契機となって，再び作業生産性の向上に脚光が当たり始めている．ここでは，本章の最後に，現代に適用すると生じる新たな課題をいくつか指摘しておきたい．

　まず，作業者の代替となる作業ロボットにも動作分析が必要となろう．**2.2 節** (2) で説明した動作経済の法則は，作業する人間にムリが生じないよう見い出された．そこでは右手と左手で同時に○と△を描くムリを例示したが，もちろんロボットにこの法則は当てはまらない．これが意味するのは，熟練作業者の作業動作をそのままロボットにティーチングすると，人間に不可避として認めていたムダが，そのまま移植されてしまうことである．そのため，技能継承と称して熟練作業者の動作を写し取る際には注意が必要であろう．**2.2 節** (1) で紹介したサーブリッグ分析は，動作の曖昧な人間よりも，メリハリの効いた動きをするロボットに対しても，用いやすい手法と考えられる．

　2.6 節 (2) の連合作業分析では，作業編成の平準化として，単位要素を別の工程へ移す改善例を示した．作業者 3 が行っていた配線作業は作業者 1 が，ホイ

---

　2)　スイッチを入れる(鍵を回す)だけで，誰でもすぐに高効率稼働できることを保証する契約方式．

スト操作は作業者 2 が，それぞれ実行できる技能を身につけることが前提となる．IE 改善活動で，多能工化は非常に強力な武器となるものである．しかし，実際のところ多能工化はなかなか進んでいない．2.3 節で紹介した時間研究を行ったテイラーの考えは，「働き高に応じて適正に給金が支払われるべき」という公平論がもとになっている．ところが日本型雇用システムでは，異種の技能を習得し企業内で多能工となっても給金が増えることは少ない．多能工化が進まないわけである．これを打ち破る仕組みとして，インセンティブ制度を設けて多能工化を進める企業内マイスターの例を 4.2 節に紹介する．発展途上国には，旺盛なバイタリティーで貪欲に多種の技能を修得し，独立起業を夢描く若者も実に多い．近い将来，コストだけでなく技能で日本のものづくりが凌駕される事態も視野に入る時代である．日本の巻き返しを期待したい．

　最後に，見える化について，現代への適用に注意喚起しておきたい．日本のものづくり現場作業者の教育水準は 20 世紀末にはすでに高く，極端なムダ・ムラ・ムリに対して嗅覚をもち，ひどいことにならないよう自律的な安全弁が機能している．すなわち，多くの現場は見える化できていて，自主的に品質や生産性の改善に取り組んでおり，これこそが日本のものづくりの優位性といえる．しかし，それでも 2.1 節に示したとおり，慣れてしまった作業に内包する 3 ムは発見しにくい事実がある．3 ムを発見して競争力のある生産性を獲得するためには，IE 手法を振りかざず前に，まず対象となる工程作業を熟知する必要がある．「見える化できていないから見えないこと」と「見える化できているが，それを理解できていないこと」の違いを間違えないように注意したい．「見える化すべき相手は誰か」について判断を誤ると，現場へ来ては説明の手間をとらせるだけの迷惑な「何でも知りたい君」になってしまう．

第 2 章参考文献

[1]　職業能力開発総合大学校 能力開発研究センター編(2001)：『生産工学概論』，雇用問題研究会.

[2]　F. W. テイラー著，有賀裕子訳(2009)：『新訳 科学的管理法』，ダイヤモンド社.

[3]　ブロードリーフ(2012)：「OTRS マニュアル―作業編成編―」.

[4]　ブロードリーフ(2012)：「OTRS マニュアル―再生専用版編―」.

[5]　東芝ロジスティクス社(2017)：「ウェアラブルデバイスを活用した飛躍的な倉庫内作業改善」，ロジスティクス全国大会 2017，日本ロジスティクスシステム協会.

[6]　兵頭靖得，小橋武弘，山中泰介(2016)：「IoT 行動センシングを用いた作業分析技術」，『東芝レビュー』，Vol.71, No.5, pp.72-75.

[7]　生産管理データブック編纂委員会編(1964)：『生産管理データブック』，オーム社.

[8]　和田雅宏(1995)：「多工程小量生産のための再利用型日程計画」，『経営システム』，Vol.5, No.1, pp.50-60.

第 **3** 章
生産ライン・設備稼働の分析

　本章では，よりマクロに，生産ライン全体としての効率を設計的にアプローチする.

3.1　生産ライン全体の効率評価と３ムの明示化

　生産ライン全体として，現状どれだけの効率があり，改善によってどこまで目指すことができるか，その全体像を計量的に評価する方法を，ものづくりの科学として米国で2000年頃登場したFactory Physicsを用いて示そう[1].

(1)　生産ライン効率の基本性質
　まず，生産ラインの基本的な性質を確認する.**図3.1**に示す長い直列生産ラインを考えてみよう.

　一つの製品(未だ工程内で加工中の仕掛であり，以後ワークとよぶ)を加工するのに純粋に必要な時間 T_0 は，各工程加工時間の総和，すなわち $T_0 = t_1 + t_2 + \cdots + t_n$ であるから，工程1に投入されたワークは， T_0 時間を経過すると生産ラインから出てくるはずである.しかし，**2.5節**で説明したライン編成効率が100%でなければ，$t_1, t_2, \cdots, t_n$ はすべて等しいわけでなく，加工時間の長い

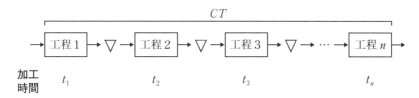

図3.1　直列生産ライン

工程の前で，他のワークの加工終了を待つこととなり，ボトルネック工程が生まれる．あるとき，どこかの加工機械がチョコ停すれば，そちらの工程の待ち時間も長くなり，新たなボトルネックが発生する．ものづくり現場はこの繰り返しで，各段の工程前にワークが山積みに滞留したり，逆に空となってワーク待ちになったり，ワークは複雑な挙動で滞留する（**図3.1**では工程間に小さな▽で加工待ちワークの滞留を表す）．結果として，ほとんどすべての生産ラインで，ワークの工程滞留時間 CT は，$CT \gg T_0$ となっている．

　ここで，生産ラインのスループットを高くするためには，ともかくボトルネックとなる工程をフル稼働させることが必要で，そのためには，ボトルネック工程の前にいつでもワークが待っていなければならない．**1.3節**で示したリトルの公式を用いれば，ボトルネック工程をフル稼働させるために必要となる生産ライン全体としての最小在庫量（クリティカル在庫とよぶ）W_0 は，

$$W_0 = r_b T_0 = T_0/t_b$$

と求められる．r_b はボトルネック工程の加工率（単位時間当たり加工数）で，ボトルネック工程の加工時間 t_b の逆数である．リトルの公式は，ボトルネックが具体的にどの工程であるのかわからなくても成り立つので便利である．これを用いて，生産ライン全体の性能評価式を導くことができる．

　生産ラインの仕掛在庫量やサイクルタイムの適正化は大きな課題と認識されているが，目標とする数値を合理的に定める方法が定まっていない．しかし，次節の性能評価式を用いれば，生産ライン全体の理想的効率を数値として知ることができるので，現実との乖離を認識できる．

(2)　生産ラインの性能評価

　リトルの公式で得たクリティカル在庫量 W_0 を用いて，まず3ムが存在せず，TH，CT がベストとなる場合から，考えてみよう．

　生産ライン内の仕掛在庫の合計量を w とし，w が W_0 よりも少なく生産ラインが空いている場合は，ワークにとってベストの工程滞留時間 CT_{best} は，まったく待ち時間なく，純加工時間 T_0 で加工完了できる場合である．したがって，$w \leq W_0$ のときは，

$$CT_{best} = T_0 （正味の加工時間だけの和）\qquad ①$$

であり，対応する TH のベストは，リトルの公式から，

$$TH_{\mathrm{best}} = w/CT_{\mathrm{best}} = w/T_0 \qquad \qquad ②$$

で与えられる．

　あるときの仕掛在庫の合計量 w が W_0 よりも多くなっていれば，生産ラインは混んでいて，どのワークも生産ラインのなかのどこかで加工待ちとなることが避けられない．この場合，ベストな状態とは，少しでも効率を高めるためにボトルネック工程に決してワーク待ちを生じさせないことである．したがって，生産ライン全体の TH はボトルネック工程の TH で決まることになるから，$w > W_0$ のときは，

$$TH_{\mathrm{best}} = r_b = 1/t_b \qquad \qquad ③$$

がベストとなり，

$$CT_{\mathrm{best}} = w/r_b = t_b w \qquad \qquad ④$$

が得られる．ただし，ワーク間で順番割り込みや追い越しはないものとする．

　次に，TH，CT がワーストになる場合を考えてみよう．

　生産ラインが丸ごと休止状態となるケースは考えないことにすると，TH のワーストとは，どの瞬間にも，生産ラインで，ワークが一つだけ加工されている状態である．つまり，極端な想定になるが，工程がどれだけ長くとも，たった一つのワークだけを，最初の工程から最後の工程まで通して加工し，その間，他のワークは一切工程に受け入れず，ワークの最終工程完成を待ってから，次のワークを最初の工程から取り掛かる場合である．これは **2.6 節**の工程編成で工程数を１とする場合に相当する．さらに，やや専門的だが，系のなかの WIP 量を一定に制御する CONWIP 方式で WIP 量が１の場合でもある．

　この場合，一つのワークの正味加工時間の合計 T_0 ごとにワークが一つずつ完成することとなるから，単位時間当たりの出来高 TH_{worst} はその逆数で，

$$TH_{\mathrm{worst}} = 1/T_0 \qquad \qquad ⑤$$

で与えられる．

　また，工程滞留時間 CT がワーストになる場合は，リトルの公式から，

$$CT_{\mathrm{worst}} = w/TH_{\mathrm{worst}} = T_0 w \qquad \qquad ⑥$$

であり，w 個目の加工が終了するまでの時間は $w \times T_0$ となる．

　さらに，Factory Physics では，現実的なプラクティカルワーストケース

(pwc)として，w 個の仕掛在庫が工程全体にランダムに配置してある状態を想定して導かれた次式が与えられている．

$$CT_{\mathrm{pwc}} = T_0 + (w-1)/r_b = T_0 + (w-1)t_b \qquad ⑦$$

ここで，CT_{pwc} の意味を考えてみよう．

新たに投入されたワークは，自身を除く $w-1$ 個の先行するワークのために待たされるが，先行ワークによる待ちは，「最も時間のかかるボトルネック工程ですべて発生する」と仮定すれば現実的に最も悪い場合を表現できる．したがって，待ち時間の最悪は，$(w-1) \times t_b$ であり，これにそのワーク自身の加工時間 T_0 を加えて CT_{PWC} としている．こう考えると，CT_{PWC} とは，現実的にかなり起こりにくいケースであると解釈できる．なぜなら，TH を下げる原因が常に特定の工程にあるならば，普通は気がつくので，当然改善されるはずだからである．

TH_{PWC} は，リトルの公式から，$TH_{\mathrm{PWC}} = w/CT_{\mathrm{PWC}}$ であるから，クリティカル在庫 $W_0 = T_0/t_b$ に注意して，

$$TH_{\mathrm{pwc}} = \frac{w}{T_0 + (w-1)t_b} = \frac{w}{t_b(W_0 + w - 1)} = \frac{r_b w}{W_0 + w - 1} \qquad ⑧$$

である．

図 3.2 は，w を横軸にとり，上記①〜⑧式を図示したものである．CT における①⑥⑦，TH における②⑤⑧は，$w=1$ で必ず一点に交わる．

実際の工程における w，CT，TH は，操業記録や実棚卸しによって容易に知ることができる．実測値を**図 3.2** の上にプロットすることで，対象とする生産ラインの性能を客観的に評価できる．実測点は通常，best と pwc の間の領域に位置するとされており，理想効率は (W_0, T_0)，(W_0, r_b) であり，その近くにプロットされるほど望ましい．

(3) 適用例

性能評価図の有効性を示す実例を以下に紹介する．

これは，筆者が実際に調査した「木型モデル→ゴム型→鋳型製作→鋳造→検査」までの 13 工程からなる A 社のモールド製作の例である．工場の日報から TH と CT は算出でき，工場を実際に調査すれば w を知ることができる．調

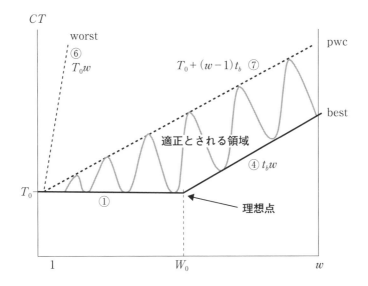

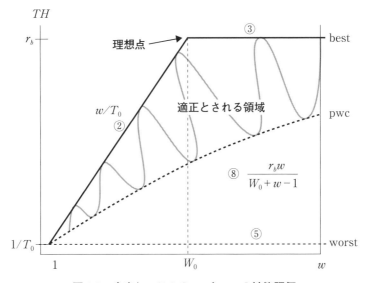

図 3.2 生産システムの *CT* と *TH* の性能評価

査の結果, $TH = 3.95$ 日, $CT = 6.76$ 日, そして $w = 25.2$(いずれも平均値)が得られた. また, 全工程の加工時間の和は, $T_0 = 3.62$ 日であり, そのなかのボトルネックに相当する工程の加工率は $r_b = 5.61$ 個／日($t_b = 1/5.61 = 0.18$ 日／個)であった. したがって, クリティカル在庫は, $W_0 = r_b T_0 = 20.3$ と求められる.

以上の T_0, r_b, W_0 の値を, 上記①〜⑧式に代入すれば, 図 3.1 の CT, TH 双方の best, pwc, worst を具体的に描くことができる. 現状の効率である CT, TH は, それぞれ(25.2, 6.76), (25.2, 3.95)としてプロットできた(図 3.3).

図 3.3 からは, 現状が best と pwc の中間の効率であり, 悪いとはいえないものの, 現状点から伸びる矢印の方向に改善の余地が大きく残されていることも同時に知ることができる.

調査した当時, 筆者はこの結果を踏まえて, 現場での喫緊の課題が TH を上げることになっていたことに対して, 次のような改善の方向性を示した.

1) 現状でも w さえ適正にもてば $r_b = 5.61$ まで TH を上げることが可能である. 例えば, 図 3.3 の破線 A で示すとおり, 「$5.61 = w/6.76 \Rightarrow w = 37.9$」にすれば, TH を 3.95 から 5.61 へと 1.4 倍にできる.

2) 実際の工程の流れについて, 工程フロー図(3.2 節)や, ワーク単位の流れダイアグラム(3.3 節)を活用してみると, 隠れた待ちや停滞が見られたので, その原因を探り, 改善を進めた. その際, 図 3.3 中 B の矢印に沿って「最大 TH を保ちながら, 改善度合いに応じて w を減らし理想点に近づける」という方向性を明確にして, 改善していった.

以上のように, 工程性能評価図を描くことで, 現状の効率を客観的に知ることができる. さらに, 既存の TH を犠牲にせずに確保しながら改善していく方向性を把握できる. ぜひ試してみることをお勧めしたい.

(4)　性能評価図でわかる悪さかげん

図 3.2 の各境界線は, それが描かれた理論根拠を整理することで, 適正とされる領域であっても, 悪さかげんのタイプを知ることができる. 図 3.4 にその類型を示唆する. これは, 現状を出発点とし, 理想に向かって改善して行くときの道しるべとしても有効である. 調査対象とする生産ラインの実測値は, 図 3.4 のどこにプロットされるのか確認してほしい.

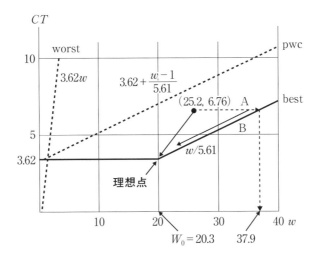

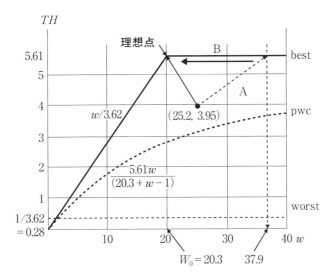

図 3.3 現状の全体工程の効率と改善策の方向性

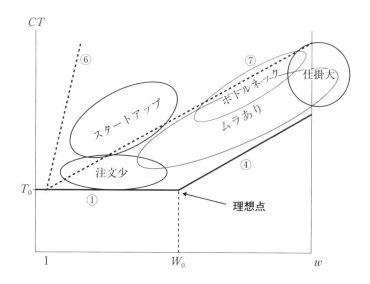

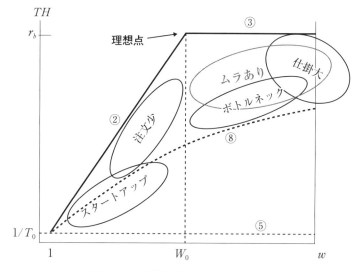

図3.4　工程性能図で見る悪さかげん

　⑤⑥式に近いところに実測値がプロットされる場合，製品一つずつ完成を
待って次の生産を始めるタイプであり，生産が安定しないスタートアップ時期
と説明できる．量産移行後にこの領域にあれば，品質トラブルが起き，製品特
性を確認しつつ生産している場合が考えられる．

　次に，注文が少ないケースは①②に近づく．この場合，クリティカル在庫
W_0 に近づけることはできない．営業活動に重点を置き受注を増やすことに専
念し，それがうまくいかない場合には，注文量に見合う生産力へダウンサイズ
することも必要であろう(**4.2 節**で生産量の変動として説明する)．

　ワーク総量が W_0 より多く(実際のところ，ほとんどの生産ラインが当ては
まる)，TH が r_b よりそれなりに小さい場合は，基本的に３ムがとれていない
状態である．**第 2 章**で説明した IE 分析を活用して３ムを除くことが肝要であ
る．そのなかでも，⑦⑧の pwc に近い場合は，ボトルネック工程支配型になっ
ていると考えられる．この状態で仕掛在庫を増やしても，単に工程全体のワー
ク量が増えるだけとなるから注意が必要である．**3.1 節**(3)の適用例は**図 3.4** の
ムラあり領域の中央付近であった．これは現状効率としてむしろ良いほうであ
り，**図 3.4** の仕掛大の領域のさらに右側にはみ出している生産ラインも少なく
ない．

3.2　工程フロー図によるワークの流れ

　工程分析は，製品が完成するまでの加工内容と順序を分解し，工程分析図表
(プロセス・チャート)とよばれる図表にまとめて，工程の流れを見える化する
ことを目的とする．工程分析では，**表 3.1** に示す工程図記号(基本図記号)を用
い，材料・部品の受入から，工程内で加工・検査を経て製品となり，出荷され
るまでの一連の製造工程の流れを工程フロー図として表現する．

　主として「作業」と「検査」の系列を分析したものを単純工程分析という．
図 3.5 に，単純工程分析における工程フロー図の作成例を示す．ここでは，加
工を表す〇の記号，検査を表す□の記号，貯蔵を表す▽の記号を用いている．

　それに対し，「移動・運搬」「手待ち・停滞」「保管・貯蔵」などの状態も含
め，移動距離や停滞時間も考慮に入れた分析を，詳細工程分析という．詳細工
程分析では，工程図記号を記入しながら，所定の欄に作業者，作業時間，移動

表3.1　工程図記号　JIS Z 8206－基本図記号

要素工程	記号の名称	記号	意味	備考
加工	加工	○	原料，材料，部品または製品の現状，性質に変化を与える過程を表わす．	
運搬	運搬	○	原料，材料，部品または製品の位置に変化を与える過程を表わす．	運搬記号の直径は，加工記号の直径の1/2～1/3とする．記号○の代わりに記号⇨を用いてもよい．ただし，この記号は運搬の方向を意味しない．
停滞	貯蔵	▽	原料，材料，部品または製品を計画により貯えている過程を表わす．	
停滞	停滞	D	原料，材料，部品または製品が計画に反して滞っている状態を表わす．	
検査	数量検査	□	原料，材料，部品または製品の量または個数を測って，その結果を基準と比較して差異を知る過程を表わす．	
検査	品質検査	◇	原料，材料，部品または製品の品質特性を試験し，その結果を基準と比較しロットの合格，不合格または個品の良，不良を判定する過程を表わす．	

出典）　日本工業標準調査会（審議）（1982）：『JIS Z 8206：1982　工程図記号』，日本規格協会．

材料保管

切り出し

加工

品質検査

製品保管

図3.5　単純工程分析における工程フロー図の例

距離などの詳細な情報も記録される．**図3.6**に，詳細工程分析における工程フロー図の例を示す．工程の詳細な全容が一目で把握でき，「工程の流れは簡潔か」「工程の連結や分割は必要か」「停滞は発生していないか」などに着眼し，工程の統廃合や改善を検討する．**図3.6**の例では，加工作業の前に60分の停滞が発生している様子がわかる．そのため，「おそらく加工作業の作業時間がボトルネックになっている」という問題点が抽出される．

　さらに工程分析では，流れ線図を用いた分析も併せて行われる．流れ線図とは，工場フロアのレイアウト図の中に工程記号を書き込んだものである．これにより，移動経路や距離まで一目瞭然となるので，現場のイメージがしやすくなり，「レイアウトにムダがないか」「搬入が混み合いそうな場所はないか」などの観点から改善につなげることができる．**図3.7**の例では，各作業場所が点在しており，ムダな移動距離が発生していることが見て取れる．

　ここで，**図3.6**と**図3.7**の工程を改善した後の工程フロー図が**図3.8**，流れ線図が**図3.9**のとおりになったとしよう．

　改善前でボトルネックとなっていた加工作業に対して，改前後では空いている二台目の加工機を投入し，二人体制で作業を行うようにしている．ここで，加工作業には，N氏だけでなく，素材を搬入するO氏にも入ってもらっている．さらに，現場のレイアウトを改善（工程の順序動線を考慮した配置に変更）した結果，搬入が時計回りに進むように配置された．

　工程分析用のフォーマットは，工程フロー図と流れ線図を統合した書式としてあらかじめ用意もされている．所定のフォーマットを利用して工程分析図表を作成すると，**図3.10**のようになる．

　さらに昨今，工程分析図表を作成する場面ではデジタル化が進んでおり，3次元CADデータによる画面を見ながら組立工程の作業の順番を検討することも実用化されている．しかし，生産技術者の目的は，工程フロー図や流れ線図を作成することではない．それよりも重要なのは，こういった図表と現地観察にもとづいて，工程の分割，所要時間の短縮，効率的な運搬など，改善の着眼点を入手することである[3]．

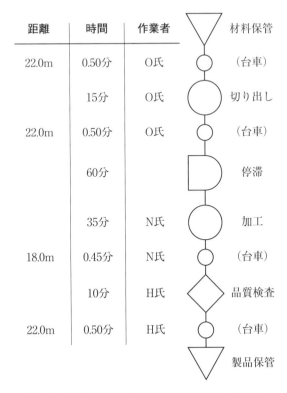

距離	時間	作業者	
			材料保管
22.0m	0.50分	O氏	（台車）
	15分	O氏	切り出し
22.0m	0.50分	O氏	（台車）
	60分		停滞
	35分	N氏	加工
18.0m	0.45分	N氏	（台車）
	10分	H氏	品質検査
22.0m	0.50分	H氏	（台車）
			製品保管

図 3.6　詳細工程分析における工程フロー図の例

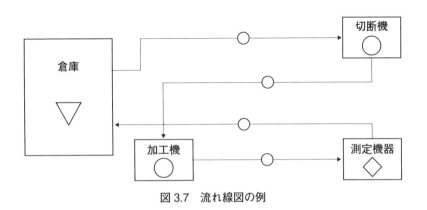

図 3.7　流れ線図の例

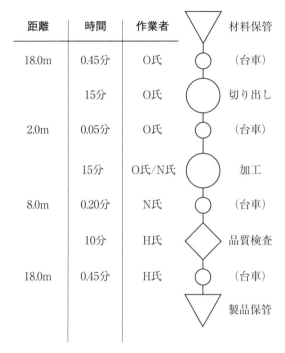

距離	時間	作業者	
			材料保管
18.0m	0.45分	O氏	（台車）
	15分	O氏	切り出し
2.0m	0.05分	O氏	（台車）
	15分	O氏/N氏	加工
8.0m	0.20分	N氏	（台車）
	10分	H氏	品質検査
18.0m	0.45分	H氏	（台車）
			製品保管

図 3.8 詳細工程分析における工程フロー図の例（改善後）

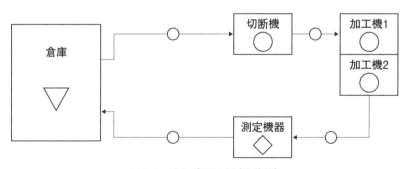

図 3.9 流れ線図の例（改善後）

No.	工程名	加工	検査	運搬	停滞	保管	作業者	機械設備	時間(分)	距離(m)
1	材料保管	○	□	⇨	□	▽		資材倉庫		
2	運　搬	○	□	⇨	□	▽	A	フォークリフト	5	20
3	粗加工	○	□	⇨	□	▽	B	粗加工機	120	
4	運　搬	○	□	⇨	□	▽	A	フォークリフト	3	10
5	停　滞	○	□	⇨	□	▽			60	
6	運　搬	○	□	⇨	□	▽	A	フォークリフト	3	10
7	仕上加工	○	□	⇨	□	▽	C	仕上機	100	
8	数量検査	○	□	⇨	□	▽	A	(目視)	2	
9	運　搬	○	□	⇨	□	▽	A	フォークリフト	7	50
10	製品保管	○	□	⇨	□	▽		製品倉庫		
	計	2回	1回	4回	1回	2回	延べ7人		300分	90m

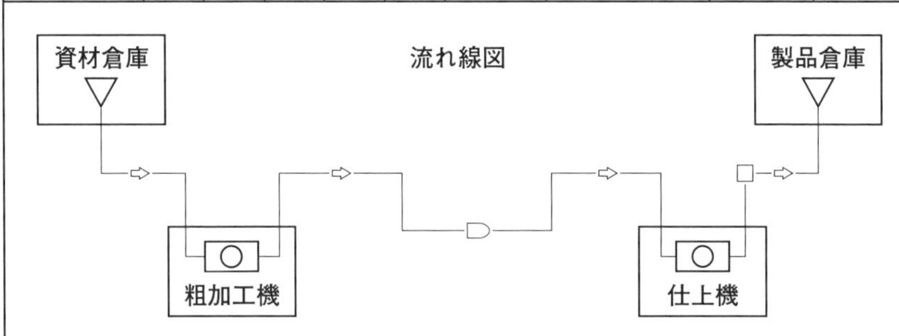

出典）　職業能力開発総合大学校　能力開発研究センター編(2001)：『生産工学概論』，雇用問題研究会.

図 3.10　所定のフォーマットを利用した場合の工程分析図表の例

3.3　ワークの追跡と IoT 環境における稼働分析

(1)　累積流動数曲線

　3.1 節で示した投入から完成までの正味の加工時間 T_0 と，実際の投入から完成までのリードタイム，すなわちサイクルタイム CT とは，大きく乖離していることが多い．その原因となる3ムの存在を見える化するために，ワークごとの挙動を見える化する方法を紹介する．

　図 3.11 は，「ワークを投入する時間と完成する時間」を横軸に，「投入量，

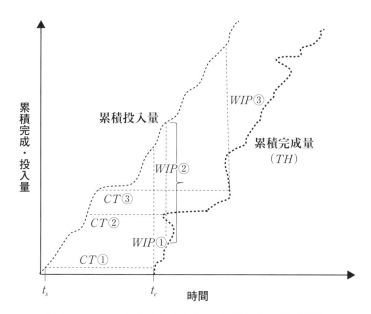

図 3.11 ワーク投入から完成までの累積量と時間の関係

完成量のそれぞれ累積個数」を縦軸とするグラフであり，挙動の全体像を示すものである．例えば，時刻 t_s に加工開始されたワーク①は，そこから水平に伸ばした線が累積完成量の線と交わる時刻 t_e に完成する．

したがって，CT は点線の長さ $(t_e - t_s)$ となり，そのときの WIP は t_e 時にまだ工程内にある投入量の数，すなわち t_e と累積完成量の交点から，そこから垂直に上に伸ばした累積投入量の交点までの長さとなる．このとき，時間当たりの投入量 r，または時間当たり完成量，すなわちスループット TH は，曲線の傾き WIP/CT となり，**1.3 節**で示したリトルの公式と一致する．

ところで，ワーク②にはイレギュラーの関係が見られる．ワーク②が完成した時点の WIP は，②以前に投入したワークがまだ工程にあり，その分も含めた WIP が，WIP ②として数えられている．これは次の**図 3.12** で示されるようにワーク②が特急のオーダーで，工程の途中で前のワークを追い越して加工されたためである．このように，工程内に存在する３ムや問題を見つけるためには，ワークごとの流れダイアグラムを描き，さまざまな隠れた問題や新たな

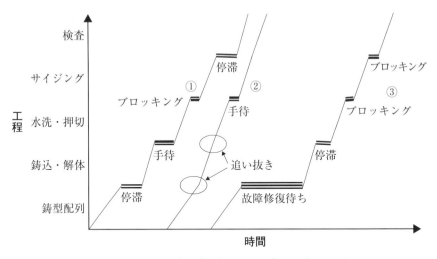

図 3.12　ワーク（ジョブ）ごとの流れダイアグラムの例

知見を発見できる.

　3.2 節では，工程ごとのフロー図を紹介したが，それに対し，ワークごとの流れダイアグラムも，見える化の効果が高い．**図 3.12** の例は **3.1 節** (3) のモールド製作における後工程である鋳型配列から完成までを，ワークごとの加工時間以外に,

- （管理上特に理由が存在しない）停滞
- （加工に必要な部品や冶具の到着待つ）手待
- 次の工程が前のワークを加工中のため生じるブロッキング
- 設備故障による修復待ちによる停滞
- 段取に伴う待ち
- ロット編成上の待ち

に整理し，個別のワーク①，②，③について時間軸上で記述したものである.

　ワーク①については，サイクルタイムを引き延ばしているのは，管理上の問題である停滞が多い．また，モールドの開発部門からの特急の依頼にもとづくジョブであるワーク②は，鋳込・解体，水洗・押切の工程で，前のジョブに優先させて加工されているため，サイクルタイムが短くなっている．そのため,

このような特急のジョブの発生は，開発部門と製作部門の組織の壁により発生
するものであるとの反省から，両部門の業務の一貫化を検討することにも話が
進んだ．さらに，ワーク③では途中，設備の故障に伴う修復に時間がかかり，
それが大きくサイクルタイムを長くさせていることがわかる．

　なお，図3.12 は模式図であるため，さまざまな理由によりワークが停止し
ている時間はそれほど大きくないが，実際には，加工されている時間はごくわ
ずかで，サイクルタイムのなかでほとんど停滞している場合も多い．そこで，
ワークごとの流れダイアグラムを作成し，停止時間とその理由を見える化する
ことで，いろいろな IE の力を発揮させる気づきや知見を得ることができ，大
きくサイクルタイムの削減に結びつけることができる．

　しかし，図3.12 を描くためには，ワークを追跡して記録する必要があり，
特にリードタイムの長い工程では分析作図する手間も大きい．そこでセンサー

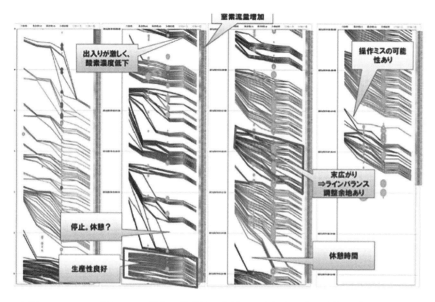

出典）　OMRON：「オムロン草津工場事例：後編　予防保全／稼働率管理」(https://www.
fa.omron.co.jp/solution/sysmac/technology/bigdata/kusatsu_report_2.html)

図 3.13　ワークの流れの見える化による状態把握の事例

を用いて工程の要所，要所でワークを自動的に追跡し，ワーク単位で工程の流れや，停滞状況をモニターするシステムが望まれる．

図 3.13 は，オムロン社草津工場が公開しているプリント基板実装ラインの事例[4]で，縦軸は時間，横軸は工程で，ワークごとの時間推移が描かれている（図 3.12 を 90°右に回転したものに相当する）．左から右に至る時間幅が短い（傾きが急峻）ほどサイクルタイムが小さいことを意味している．この多くの線のパターンから，図 3.13 に注記してあるような多くの改善の種を見い出すことができる．

(2) 移動順が固定されない人やワークの計測

3.2 節で示した流れ線図とは異なり，製品加工に決まった順序がなく，必然的に仕掛品や作業員の移動位置が定まらない場合の追跡法を紹介する．例えば倉庫ピッキング作業や，商業施設，旅館やホテルなどのサービス業の従業員は，移動順は決まっておらず，作業者や従業員の位置情報や行動計測を通して3ムを見える化し，業務効率化したいニーズも大きい．屋外では GPS の活用がよく知られているが，屋内でも測位精度に応じた数々のツールがある．

いくつか紹介すると，スマホと Wi-Fi のアクセスポイントを利用した Wi-Fi 測位は，複数のアクセスポイントから発せられる電波の強度や到達時間から三点測位で位置を割り出す方法である．ただしアクセスポイントの位置にもよるが，精度はせいぜい数 m 以上である．Bluetooth 測位は，低消費電力の BLE（Bluetooth Low Frequency）を用いた複数のビーコンによる発信と，スマホによる受信でやはり三点測位による方法である．測定されるのはビーコン端末との相対距離であるが，Wi-Fi 測位に比べて精度はよい．その他，音波測位，モノや商品の認識で広く使われている RFID（Radio Frequency Identifier）タグとリーダーを組み合わせた方法もある．

屋内でより正確な位置情報を取得したい場合，あるいは歩いている方向や速度まで記録したいときには，産業技術総合研究所で開発された歩行者自律航法測位，PDR（Pedestrian Dead-Reckoning）がある．加速度センサー，ジャイロセンサー，磁気センサーなど，スマホに内蔵されているセンサーを活用したものである．ただし，これは相対位置を測定するものなので，スタート地点の指

定を正確にする必要がある.

　この応用例としては,和食レストランチェーンの全従業員にPDRを付けて一日の行動を見える化した取組みが挙げられる[5].この取組みの結果,「ベテランと新人の動きの違い」「オーダーを取りこぼす理由」「一見意味のない動きに重要な理由が隠されていること」などが明らかになり,業務の効果的・効率的な改善に大きな効果があったことが報告されている.

3.4　工場全体のロス構造と設備状況の見える化

　工場全体の利益や「稼ぎ」からトップダウン的に,そこに結び付く改善の対象を決めるアプローチとして,TPM(トータル・プリベンティブ・メイテナンス)がある.日本プラントメンテナンス協会を提唱機関とするTPMは,TPSやTQM(総合的品質管理)と並ぶ日本発の理論であり,今や世界で実践されているものである.

　設備保全からはじまるTPMは,現在,「生産効率を極限まで高めるための全社的生産革新活動」と定義される.その典型的なモデルでは,まず生産システム全体について原理・原則にもとづくあるべき姿を確認し,現状を比較することで利益を阻害する3ムに相当するロスを顕在化(金額換算)する.そして,ロスを排除する改善活動を組織および個人で行うための「しかけ」(例えば,自主保全の7ステップ)を通して,人材育成を図るものである.

　TPMの卓越したベストプラクティスの例を,少し脚色を加えながら紹介しよう.図3.14は,某社の工場全体の21大ロスのうち主要な10のロスについて,金額換算(単位は百万円)したもので,この推移から全社的な改善活動によるロス削減の変化を時系列で示したものである.

　2011年の状況では設備ロスが全体の70%を占めていた.そのなかでは段取ロスが最大で,次に品質を保つために設備速度を仕様より落とす速度(低下)ロスが大きかったので,両者を優先させた改善活動が行われた.

　段取ロス削減の手段は,正にIEアプローチとなる.図3.15に,10分以内の段取時間(シングル段取)に向けた改善アプローチの手順を示す.

　段取作業は,多くの場合,複数のオペレータによる連合作業で行われる.そのため,本例でも,まず要素作業に分解し,設備を止めずに準備できる要素を

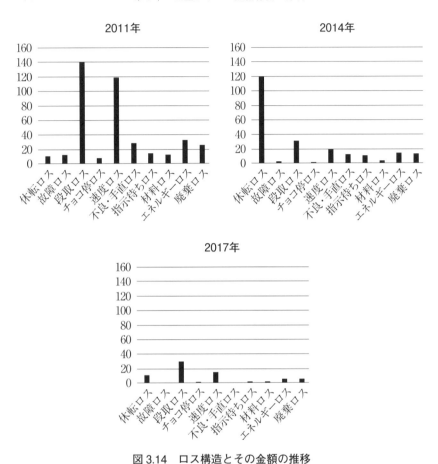

図 3.14　ロス構造とその金額の推移

外段取化(**2.4 節**)し，残った内段取について，連合作業分析により要素作業ご
とに ECRS 分析を行い，シングル段取に向けた対策がとられた.

　このようなロス削減に伴い売上・利益の向上を実現できたが，**図 3.14** のよ
うに 2014 年頃には休転ロスが増大し，利益を決める制約条件が工場から市場
(受注量)に移行するに至った. ここで，休転ロスとは，手余り状況，すなわち
仕事がないために休止している時間の機会損失であり，具体的には稼働した場
合の時間当たり貢献利益(売価－材料費)を掛けることで金額換算している.

■シングル段取(10分以内)へのアプローチ

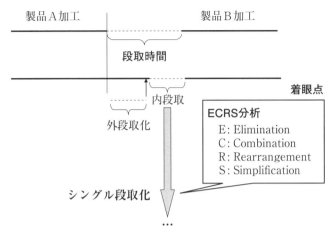

図3.15　シングル段取化のための方策

　休転ロスの増大を受けて，受注量を増やす営業活動に改善の焦点を移行させた．そのため，受注に至るケースと失注に終わる営業活動のプロセスのIE分析を行った結果，顧客への提案を重視するスタイルに変化すること，また提案のスピードアップ化を進めることで，営業の成功率を高めようとした．こうした大改革の結果，**図 3.14** の 2017 年のロス構造に示すように休転ロスの削減にも成功した．

　以上のように，企業のゴールである「利益を決めている制約条件は何か」という視点のもとに改善や IE 活動を進めた結果，6 年間で約 5 億のロスを削減し，実際の利益向上に結び付けることができた．

第3章参考文献

[1]　圓川隆夫(2017)：『現代オペレーションズ・マネジメント　IoT 時代の品質・生産性向上と顧客価値創造』，朝倉書店.
[2]　職業能力開発総合大学校 能力開発研究センター編(2001)：『生産工学概論』，雇用問題研究会.

［3］　入倉則夫(2013)：『入門生産工学』，日科技連出版社.

［4］　OMRON：「オムロン草津工場事例：後編　予防保全 / 稼働率管理」(https:// www.fa.omron.co.jp/solution/sysmac/technology/bigdata/kusatsu_report_2. html)

［5］　産業技術総合研究所：「スマートワーク IoH 研究チーム Smart Work IoH Re-search Team」(https://unit.aist.go.jp/harc/SWIH.html)

第 **4** 章

ムラとの戦い ―平準化と働き方改革―

本章では，3 ムのなかで最も捉えどころのないムラについて検討しよう．

ムラは時間軸で現れる変動である．したがって，見える化しやすいムダと比べると見逃されやすい．しかしムラは，他の工程からの影響を受けて大きなムダ・ムリを作り出す．その結果として，生産ライン全体の CT (サイクルタイム)にも極めて大きな影響を与える．

4.1　ムラがもたらすプロセス変動とフロー変動

「作業あるいは加工(以下，加工)に費やされる 1 回(ワーク 1 個)当たりの時間」は，毎回厳密に同一にはならず，何らかの理由で変動する．変動が生じる原因は **4.2** 節で解説するとして，本節では先に，加工時間にムラ(以下，変動)があることを前提として考え，ムラがあることによって生じるフロー変動について，数式によるモデルで説明してみよう．

ある工程で，変動を含めた加工時間の平均値が t_e，その標準偏差が σ_e であったとする．標準偏差を平均値で除した変動係数 $c_e = \sigma_e/t_e$ は，加工時間の変動であり，プロセス変動とよばれる．このとき，時間当たりの加工数である加工率 r_e は，1 個当たりの平均(有効)加工時間の逆数 $r_e = 1/t_e$ によって与えられる．

ここで，**図 4.1** のように，工程に入ってくるワークの平均到着時間間隔を t_a，標準偏差を σ_a，到着率を $r_a = 1/t_a$ とすると，到着率と加工率の比である負荷率 u は，$u = r_a/r_e$ または t_e/t_a で与えられる．u とは utilization rate(稼働率)の意であるが，ここでは u を負荷率として用いる．到着率に対して加工率が小さい(大きい)ほど，u が大きく(小さく)なって，工程の負荷も高く(低く)なるためである．

前工程から自工程に到着するワーク量が時間的に変動することに加えて，自

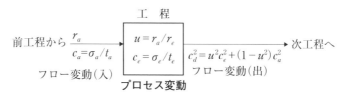

図 4.1　プロセス変動とフロー変動

工程の加工時間も変動(プロセス変動)するので，自工程から出て行くワーク量も変動し，次工程へ到着の変動となって伝播する.

　ここで，自工程から次工程へ与えるフロー変動 c_d は，近似的に以下となる.

$$c_d^2 = u^2 c_e^2 + (1 - u^2) c_a^2 \qquad\qquad ①$$

　次工程へ与える変動(の二乗)c_d^2 は，前工程からの変動(の二乗)c_a^2 と自工程のプロセス変動(の二乗)c_e^2 が，負荷率(の二乗)u^2 で比例配分され表現されている.

　以上の準備のもとで，**図 4.1** に示す待ち行列系で，到着時間および加工時間が一般分布に従う場合，ワークが到着してから加工が終了するまでの CT の近似値(上限値)は，次の「キングマンの公式」で与えられる.

$$CT = \left(\frac{c_a^2 + c_e^2}{2} \right) \left(\frac{u}{1 - u} \right) t_e + t_e \qquad\qquad ②$$

　②式では，ワークには，第二項に示す自工程の加工時間 t_e 以外に，第一項の待ち時間が生じることが示されている.ここで，第一項に含まれる到着時間の変動係数 c_a は前工程からのフロー変動であり，加工時間の変動係数 c_e は自工程におけるプロセス変動である.この両者が大きいほど CT は増幅される.

　次工程への伝播を示すフロー変動の①式と，キングマンの公式②を組み合わることで，生産システム全体の挙動をモデル化することができる [1] [2].

4.2　変動の種類，原因と対処

　時間軸で現れる変動は，個々の動作のレベルから単位作業，工程，生産ライン全体，工場全体のレベルに至るまで，それぞれの枠組みで存在している.

　以下では，変動が生じていることを具体的に確認できる手段として，「生産

量」「加工時間」「品種」「納期」「情報コミュニケーション」に分類して，変動の原因を理解してみよう[1].

(1)　生産量の変動

　生産量の変動は，多くの場合，注文量が増減することに起因する．注文量の変動は，ものづくりに携わる立場では歓迎できないが，避けられない変動である．

　この場合，たとえ自工程のプロセス変動 c_e が一定であっても，前工程からのフロー変動 c_a は変化するから，負荷率 u も変化する．ここで，②式の「キングマンの公式」では CT は u に対し図 **4.2** の挙動となっている．u が大きな値である領域では，CT が幾何級数的に大きくなることに注意してほしい．

　したがって，工程の負荷率 u が変化しても，この領域に入り込む大きな値にならないように，ある程度の余裕が必要とされる．そうでなく，例えば，各工程の平均加工時間が等しい工程（バランス工程）を設計すると，負荷率は $u = 1$ であるから，図 **4.2** から $CT \to \infty$ である．すなわち，バランス工程は，変動が 0 の場合は理想的であっても，わずかでも変動を伴う場合は，人手を介しない限り WIP も CT も無限に拡大する[2].

■**負荷率の影響**
　同じプロセス変動でも，負荷率が高まると
　CT は幾何級数的に増加
　$u = 1$ となるバランスした工程の不合理

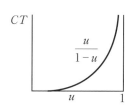

図 **4.2**　プロセス変動の増幅と CT への影響のまとめ

---

1)　これらの変動以外に，品質の変動がものづくりの現場の大きな課題であるが，品質変動については他の関連書に譲る．
2)　**1.2** 節でも，「2 工程から成り，どちらも加工時間は 5 分でバランスした工程」を想定し，「現実にムラは必ず存在するので，人手を介さない限り，リードタイムはいずれ無限大となってしまう」と述べている．

ここで，生産量が変動する場合，スループット *TH* を高くするためには，例えば，ECRS 分析(**2.4 節**)を用いて対処する.

① E(Eliminate：排除)：生産量を変動させないことである．もし**図3.14** の例のような手余り状況となった場合，受注量を増やすための営業活動に注力する必要がある．あるいは，受注量が変動しても，生産量を変動させなければ良いわけであり，これは生産計画期間を調整することで，ある程度影響を緩和できる．「納期の変動」(**4.2 節(4)**)として説明する.

② C(Combine：結合)：例えば，**図4.3** のような U 字ラインを考えてみよう．ここで，ラインを U 字に曲げるのは工程間の距離・移動を短く複数の作業をやり易くするためである．このとき，最初は，**図4.3 左上** のように 4 人の作業者を配置し，工程を分担していたとしよう．仮に，生産量が3/4に減った場合は**図4.3 右上**のようにライン全体を 3 人で分担しラインのスピードを3/4にできれば，一人当たりの効率(作業量)を維持できる．このとき，作業者一人当たりで考えると，作業量は増えなくとも作業の守備範囲が4/3倍に拡大するため，より多くの種類の作業をこなせる多能工化(**4.3 節**)が必要になる.

生産量の変動には，一時的な山場があったり，山場と谷底が周期的に現れるケースも多い．例えば，物流業界では，週末に向けて輸配送やその上流となる

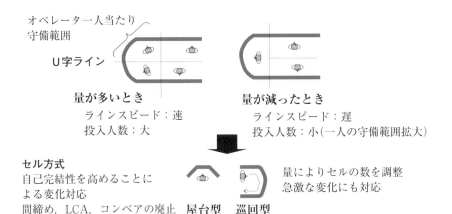

図4.3　U 字ラインにおける生産量の変動への対応とセル生産

倉庫ピッキング作業の負荷が急激に増えて山場を迎える．負荷の周期的な変動がわかっていれば，例えば以下のように人的資源を融通することもできる．

① 外部から融通する：変動費でパート作業者の採用を計画するなど
② 内部で融通する：（多能工化まで本格化できずとも）部門の壁を越えて，間接部門が現場の応援に回る取組みなど

上記②のやり方を，大塚倉庫では「応 召 制度」とよんでいる．月末や連休前には通常の 1.5 倍から 2 倍の物量を処理する必要があるために，本社スタッフが倉庫の現場業務に応援に回る．その結果として，組織全体の負荷を平準化でき．また，互いの業務への理解が促進されるなど，コミュニケーションの活性化に役立っている．

このように，部門間の業務の助け合いや理解を促進する取組みは，例えばパナソニックでは「社内複業」とよばれ，従業員のエンパワーメントにも寄与しており，働き方改革の一環としても効果を上げている．

(2) 加工時間の変動

(a) カン・コツ作業による変動

作業にカン・コツを要する場合，同じ作業を繰り返し行う場合であっても，作業時間は**図 4.4** の破線で示すように変動し，右に大きく裾を引くような分布になることが多い．作業を習熟していくにつれて，**図 4.4** の破線から実線へと，作業時間の分布は平均もばらつきも小さくなっていくことが期待される．

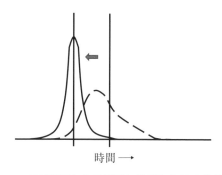

時間——→

図 4.4 カン・コツが必要となる繰返し作業における作業時間の分布

　図4.5はその一例で，ある旋盤加工作業において，未経験者の習熟が進行するのに伴い，作業時間が減少していく様子がわかる．図4.5左(段階1)の対象は「当該加工作業の経験がきわめて少ない作業者の集団」であり，図4.5右(段階3以上)の対象は「当該加工作業を一定回数超経験した作業者の集団」である．

　段階1では，250分以内でできる作業者もいるが，350分を超える作業者も多く，作業打切り時間(600分)まで右に裾を引く分布となっている．段階3以上では，201〜250分の山に作業者が集中し，あきらかに変動が小さくなる．

　この変動は，図1.7のように，作業をやる度に環境情報が見え難かったり，変化したり，また作業結果を確認して，やり直しが生じたりすることが一つの原因となり発生する．その場合，環境情報や作業結果を見える化し，カン・コツを体得できる対策をとれば，変動は小さくなる．これについては第5章を参照してほしい．

　しかし，熟達技能者(匠)だけが働く工房でない限り，一般のものづくりの現場には，段階1の作業者が配置されてくることは避けられず，実現される加工時間は常に変動する．

　加工時間の変動は，生産ラインのムラを引き起こす．このことを，簡単な直列2工程を例に確認してみよう．2つの工程(工程1と工程2)の加工時間はどちらも5分で，完全にバランス(負荷率 $u=1$)しているとする．そこで10個生産すると，図4.6 a)のガントチャートのように，ピッチタイム5分で整斉と生産が進むと誤解しやすい．しかし，加工時間には変動があるから，図4.6 b)

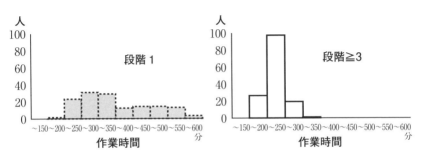

図4.5　旋盤加工作業習熟による加工時間の減少と一定化

（ここでは標準偏差 1 分の乱数で与えている）となってしまう．**図 4.6 b)** では，工程 1 完了後に工程 2 に空きがなく「ワークが待たされるムダ」と，工程 1 の完了が遅れて工程 2 が「ワークを待つムダ」の 2 種類が発生していることがわかる．

ワークを待つムダは機械設備が止まっている状態だから目に付きやすく，工程担当者はこれを避けたがる傾向がある．安直に対処する方法として在庫（*WIP*）を増やすことが考えられる．しかし *WIP* の増加は，「ワークを待つムダ」を減らすが「ワークが待たされるムダ」は増え，*CT* が長くなる関係にある．

②式のキングマンの公式によれば，負荷率 *u* を下げることが *CT* を短くするから，工程 1 の加工時間よりも工程 2 の加工時間を短くする解決策が考えられる．この考え方に基づいて，工程 2 の加工時間の平均値を 4 分に短くすると，**図 4.6 c)** のように，*TH* が高くなる．もちろん，平均加工時間を短くするためには設備のグレードアップが必要となり，工程 2 に集中して投資する必要もあろう．これは，**1.3 節**で述べたように，ボトルネック工程の制約条件を除去す

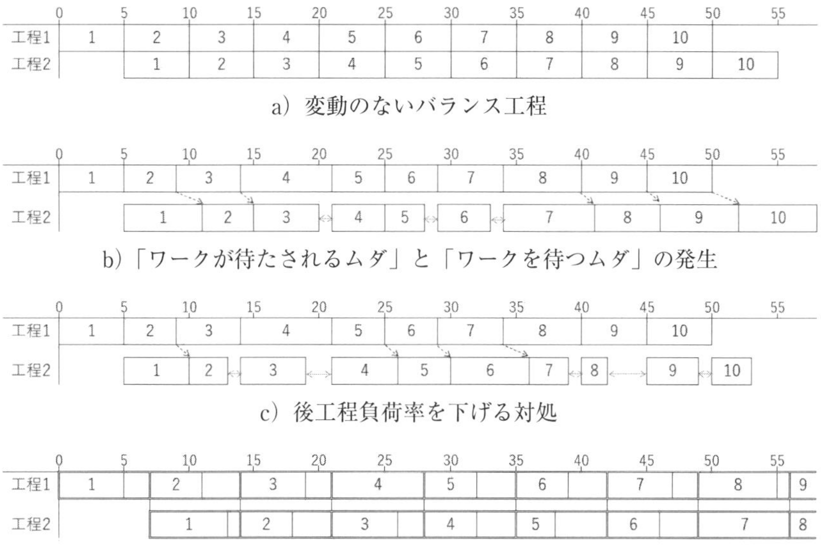

a) 変動のないバランス工程

b)「ワークが待たされるムダ」と「ワークを待つムダ」の発生

c) 後工程負荷率を下げる対処

d) 最大値を標準時間にする同期化

図 4.6 加工時間の変動例（直列 2 工程）

るという稼ぐための設計アプローチである．また，工程2の平均加工時間は工程1よりも短くなるから，いわゆる設備稼働率という尺度は高くならない．

　加工時間の変動を認められない場合は，軽便な方法として，変動込み加工時間の最大値を用いてライン設計されることもある．すなわち，**図4.6 d)** のように，加工時間の最大値（たとえば平均値+3σ）を標準時間と見なすことで，各工程をバラツキなく同期させてラインを送る方法である．この方法では，各工程を同期できても，各工程の機械設備の中に停滞する在庫があり待ち時間を内在させているから，TH が高くならないことは明らかであろう．

　このように，加工時間の変動は，標準時間（**2.3節**）の算定を困難にすることでもある．時間（タイムバケット）を工程に割り当てるタイプの生産計画（主にMRP型生産計画）を用いる場合にも，標準時間として平均値を用いることができず，「平均値+3σの値」を採用することも多い．しかし，その安全策は平均的に3σの長さ時間の手待ちムダを発生させることであるから，生産性は高まらない．そのタイプの生産計画がうまく機能しない主な原因ともなっている．

(b)　設備停止（故障やチョコ停）による変動

　プロセス変動 c_e は，作業のカン・コツや習熟以外に，機械設備の突発的な故障や頻発するチョコ停の影響を受ける．さらには計画的なメインテナンス停止によっても増幅する．**図4.7** はこれらの影響メカニズムと，その結果としてのキングマンの公式による CT への影響を，まとめたものである．

　設備（の故障やトラブルを原因とする）停止の平均的な発生時間間隔をMTBF（Mean Time Between Failure，平均故障時間間隔）といい，調整・修

■設備停止の影響

MTBF（平均故障時間間隔）：m_f
MTTR（平均修復時間）：m_r
設備稼働率 $A = m_f/(m_f + m_r)$

$$t_e = \frac{t_0}{A}, \qquad c_e{}^2 = c_0{}^2 + A(1-A)\frac{m_r}{t_0}$$

同じ稼働率でもMTTRを短縮すれば，CT は大きく短縮

図4.7　設備停止の CT への影響

理して設備が再び動き出すまでの平均所要時間を MTTR（Mean Time To Repair，平均修復時間）という．このとき，設備稼働率 A は，MTBF を m_f，MTTR を m_r として以下のように定義できる．

$$A = m_f / (m_f + m_r)$$

ここで次の【例題】を考えてみよう．

【例題】

　ある工程について，変動を考えない加工時間（機械装置の性能仕様値と考えてもよい）は平均 $t_0 = 10$ 分であり，標準偏差は $\sigma_0 = 1$ 分（すなわち変動係数 $c_0 = 0.1$）で，負荷率 $u = 95\%$ としてワークを流すものとする．

　この工程には設備トラブルがあり，平均して1日1回のドカ停がある．MTBF は9時間，1回当たり修理時間 MTTR は1時間かかるとする．

　この工程における設備稼働率および CT はどのようになるだろうか．

　なお，前工程からのフロー変動 c_a は，この工程のプロセス変動 c_e と等しいと仮定する．

　設備稼働率は，以下のとおりである．

$$A = m_f / (m_f + m_r) = 9 \text{時間} / (9 \text{時間} + 1 \text{時間}) = 90\%$$

この場合，変動（設備停止）を含む平均加工時間 t_e は，

$$t_e = \frac{t_0}{A} = 10/0.9 = 11.1 \text{ 分}$$

となるから，プロセス変動 c_e（の二乗）は，**図 4.7** から，以下のとおりである．

$$c_e^2 = c_0^2 + A(1-A)\frac{m_r}{t_0} = 0.1^2 + 0.9 \times (1-0.9) \times 60 \text{分} /10 \text{分} = 0.55$$

ここで，前工程からのフロー変動 c_a は，この工程のプロセス変動 c_e と等しいと仮定するので，キングマンの公式を当てはめ，以下のようになる．

$$CT = \left(\frac{c_a^2 + c_e^2}{2}\right)\left(\frac{u}{1-u}\right)t_e + t_e = \frac{(0.55+0.55)}{2} \times \frac{0.95}{(1-0.95)} \times 11.1 + 11.1 = 127（分）$$

CT が，変動を含めない加工時間 t_0 の実に12倍にもなっている．つまり，

設備停止を介した c_e が増加した場合，CT が大きく延びてしまうのである．

　ここで，【例題】の設備トラブルが「停止間隔（MTBF）を9分，修理時間（MTTR）を1分のチョコ停」になったと仮定してみると，

$$A = m_f/(m_f + m_r) = 9 \text{分}/(9\text{分}+1\text{分}) = 90\%,$$

$$t_e = \frac{t_0}{A} = 10/0.9 = 11.1 \text{分}$$

は，【例題】と同じであるが，

$$c_e^2 = c_0^2 + A(1-A)\frac{m_r}{t_0} = 0.1^2 + 0.9 \times (1-0.9) \times 1\text{分}/10\text{分} = 0.019$$

$$CT = \left(\frac{c_a^2+c_e^2}{2}\right)\left(\frac{u}{1-u}\right)t_e + t_e = \frac{(0.019+0.019)}{2} \times \frac{0.95}{(1-0.95)} \times 11.1 + 11.1 = 15(\text{分})$$

となり，t_0 の2倍未満の CT で生産できることがわかる．

　以上のように，同じ設備稼働率 A でも，故障削減の改善活動により MTTR を削減できれば，CT 短縮が実現される．

　故障0を目指すことは重要であるが，工程の安定化のためには，IoT 環境なども利用して，故障を兆候の段階から予知し，適切な準備をして MTTR を削減することが必要だと示唆される．

(3)　品種の変動

　日本のものづくりは，顧客価値としての品質を向上させる意識が高い．顧客価値はますます多様化して，製品の品種・種類が増えている．そのため，生産ラインにおいて品種を切り替えることは，避けられない変動となっている．

(a)　混流生産による変動

　工程編成（2.5節(1)）では，単位作業を工程へ割り付けてムダを抑え込む（ラインバランス）ことを解説したが，品種の変動があり，品種によって加工時間が異なる場合は，どうすればよいのだろうか．

　品種ごとにまとめて生産している場合には，品種ごとに工程編成し，品種の切替に併せて工程編成も変更することができる．しかし，多品種少量生産の場合には，同一工程編成のなかで解決しなければならない．

ここでは，多品種の混流流れ生産(1 個流し)を念頭に考えてみよう．

品種の変動が，単に色違い部品を取付ける類であれば，どのように混流して
も生産性にほとんど影響しないかもしれない．しかし，加工時間が大きく異な
る品種の混流生産では，ラインに投入する順序によって，生産性は異なる．

ラインに投入する順序決めルールはディスパッチングルールと呼ばれ，以下
が代表例である．
- 受注順(FCFS：First Come First Service または FIFO：First In First
  Out)：いわゆる先入れ先出し
- 納期順(EDD：Earliest Due Date)：納期から加工時間を調整(多くの場
  合引き算)する変形もある
- 加工時間の短い順(SPT：Shortest Processing Time)：総滞留時間(ラ
  インがワークを保持する総時間)を最小とする

ディスパッチングルールによる投入順序の決定では，生産性のゴールとする
個別の状況に応じて考案されるヒューリスティックルールも用いて，どれが良
いのか主にシミュレーションによって評価される．

直列 2 工程の場合(に限り)，ジョンソンルールは総処理時間を最小にするこ
とが知られている．例えば，**表 4.1** の 5 品種を 1 個ずつ生産する場合，受注順
(A → E)に投入すると**図 4.8** となり，完了まで 82 分かかる．しかし，ジョン
ソンルールによれば 73 分で完了する．この順序は，**表 4.1** の中から最短時間

表 4.1　直列 2 工程で生産する 5 品種の作業時間(分)

	品種 A	品種 B	品種 C	品種 D	品種 E
工程 1 作業時間(分)	18	11	8	12	14
工程 2 作業時間(分)	15	8	16	10	15

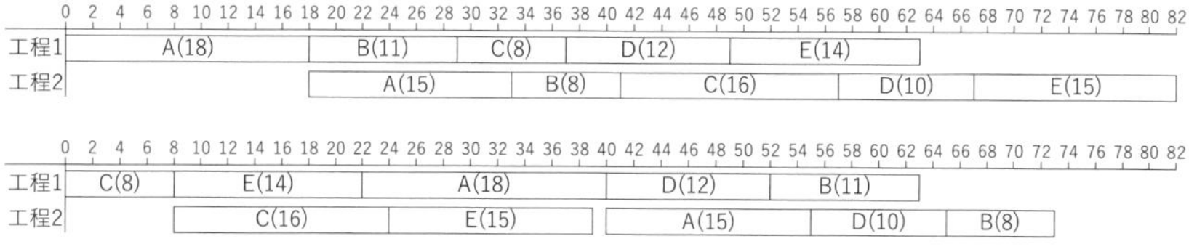

図 4.8　受注順(上)投入とジョンソンルール(下)による投入

を探し(品種Cの工程1),最短時間が工程1であれば前詰め,工程2であれば後詰めとし,割り付けた品種を除いて繰り返せば得ることができる.

次に,混流生産をコンベア生産で行う場合を考えよう.品種ごとに作業時間を可変する必要があるから,作業者がコンベアとともに進みながら加工する移動作業式コンベア(主に大型製品の生産に見られる)が使われる.ここでは,作業者の作業域の確保が必要になる.**図4.9**のように,品種A,B,Cが2:1:1の割合で流れ,加工時間をそれぞれ60秒,90秒,30秒とする.平均加工時間は60秒となるから,60秒ごとにワークがコンベアに流れてくると想定する.

作業者は,品種Aであれば60秒をワークとともに移動しながら作業する.移動距離は,コンベア速度×60秒となり,作業終了すると直ちに作業開始地点へ戻る.もし品種Aだけ生産していれば,作業終了となる60秒後に次のワークが作業開始地点に到着し,ムダがない.しかし,品種Bは90秒作業であるから,作業終了時には,次のワークはすでに30秒分自らの作業領域に侵入していて,そこから作業を開始することになる.

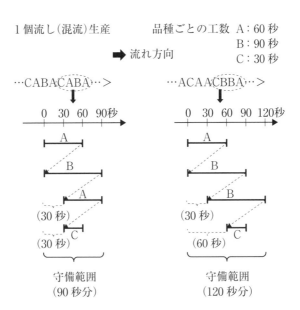

図 4.9 　1個流し生産における流し方の変化と作業者の移動範囲

　このとき，異なる2つの順序で流れてきたときの作業者の移動幅を，守備範囲として図**4.9**に示している．

　図**4.9**左のようにABAC…の順で製品が流れていく場合，作業開始地点から60秒で作業Aを終えて作業開始地点に戻る．次に90秒をかけてBをこなして，作業開始地点から30秒の地点まで戻る．そして，Aに取り掛かった後，再び作業開始地点から30秒の地点まで戻る．さらにCへと取り掛かって30秒で作業を終えると，再び先頭の作業開始地点へと戻る．こうしたサイクル（ABAC…）で流した場合，作業者の守備範囲を90秒分とすれば，品種による作業時間の変動もこの範囲で吸収されるので，ムダは生じない．

　一方，図**4.9**右のABBC…と流れてくる場合，作業A，Bまでは同じであるが，次に流れてくるのはBなので，作業開始地点から30秒移動した地点でBの作業を開始し120秒移動した地点で作業終了となって，守備範囲が広がってしまう．この場合，次にCが流れてくるため守備範囲のさらなる拡大はないが，もし続けてBが流れてくれば，さらに守備範囲は150秒まで広がる．逆にCが連続して流れてくれば，作業開始地点まで戻っても次のワークがないケースが発生するので，上流の作業者域へ30秒分侵入して作業するか，それができない場合は，作業開始地点で30秒の手待ちが生じる．

　このように品種A，B，Cの割合が2：1：1であっても，ランダムな順序で流してしまうと，連続でBが流れて次の工程に入り込む作業が生じたり，連続でCが流れて待ちが生じるなど，大きなロスを生じる．これを回避するためには，例えばABAC…というような平準化サイクルをつくり，1工程を60秒＋30秒＝90秒で設計することが重要になる．

　上記では，品種の数が限られている場合を想定していたが，実際にはさらに多くの品種から構成される混流生産を考える必要がある．そのときに順序を決める方法には，目標追跡法とよばれるアルゴリズムが知られている．これは，品種の総数をM，品種jの割合をm_jとしたとき，時刻tまでの品種jの累積生産数x_j^tを，$\sum_{j=1}^{M}(t \times m_j - x_j^t)^2$が最小になるように決めるというものである．

　品種による加工時間変動の抑え込みは，生産に流れを作り，作業の離れ小島をなくすことを基本とする．そのために，品種や作業順序を都合よく組み合わせて，効率の良い平準化パターンを作り出すことには大きな効果がある．

(b)　段取替による変動

　品種による変動には，品種によって加工時間が変動すること以外に，（生産品
種を切り替える）段取替時間による変動が発生する．これを減らすためには，
「Eliminate として，できる限り品種切替を行わないこと」「Combine として，
外段取」「Simplify として，段取替の簡素化」を推進し，段取替作業時間を短
くすることが重要である．

　例えば，**表 4.2** の 2 品種生産を考えて，品種切替ごとに段取替時間が 1 分必
要になるとしよう（同品種生産を続けていれば，段取替時間は不要である）．

　このとき，A，B，A，B，A，A，B の順で注文があって，ある程度，生産
順序は入れ替えてよいものとして，A を 4 個，B を 3 個の生産を考えよう（計
画生産であれば 4 ロット，3 ロットなどと考えてもよい）．

　素直に注文順で生産，すなわち先入れ先出し（FCFS）したとすれば，**図 4.10**
の生産順序となって，段取替が 6 回発生する．スループット TH を高める（こ
こでは，7 個（ロット）を作り終わるまでの総時間を短くすればよいことになる）
ためには，段取替の回数を減らせばよいことは明らかであり，最適生産順序は
図 4.11 のとおりである．

表 4.2　2 品種の加工時間

品種	加工時間	
	段取替	正味加工（分）
A	1	3
B	1	2

| 1 | A | 1 | B | 1 | A | 1 | B | 1 | A | A | 1 | B | （所要 24 分） |

図 4.10　FCFS による生産順

| 1 | A | A | A | A | 1 | B | B | B | （所要 20 分） |

図 4.11　最小段取替による生産順

　上記のような簡単な例であっても，FCFS の *TH* は 7/24 = 0.29（個 / 分），最小段取替は 7/20 = 0.35（個 / 分）であり，約 20％の生産性の差が生じることは驚きであろう．

　ここで，上記のケースが「お昼休みのレストラン」の事例であると仮定しよう．このとき，注文はテーブル単位で，表 4.3 のようになっていたとする．

　この場合，テーブル単位でメニュー A，B の提供に大きな時間差があると顧客満足 CS（Customer Satisfaction）は高まらず，レストラン側から見てもテーブルが回転しないムダが起こる．そのため，図 4.12 に示す熟練者の順序で作

表 4.3　レストラン注文例

テーブル	注文時刻	注文明細
①	12：00	AB
②	12：01	A
③	12：04	B
④	12：06	AAB

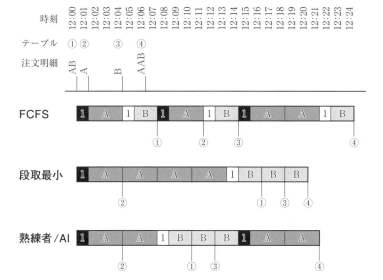

図 4.12　テーブル提供を考慮する生産順

るのが良さそうである(テーブル単位の品出し完了時刻も併せて記している).

　このように,段取替は生産順序によって減らすことができて,しかもその効果は小さくない.実際の品種(メニュー数)はずっと多く,テーブル数も多い.さらに,注文はその後も逐次的に入ってくるはずなので,いったん決めた生産順序も状況の変化に応じて再び変更する必要が出てくる.このような場合,最適な生産順序を数理的に求めることはできないのだが,どんな注文パターンであっても,作業者の熟練によって,それなりに高い生産性で提供できるある種の暗黙知が形成されていると考えられる.

　変化する状況(メニュー注文パターン,注文時刻,テーブル組)を認知・判断し,そのときどきに適応して生産性を高めたい.この状況に的確に対処する方法は,暗黙知を AI により代替する可能性も含めて,今後,第4次産業革命時代として,新たな解決が期待されている技術分野でもある.

　次に,1回当たりの段取替時間の短縮を考えてみよう.段取替時間の影響は,設備停止時間の短縮と同様に,**図 4.13** にまとめている.これを使いキングマンの公式から変動が小さくなることを導出してみよう.

■段取替の影響

1回当たり段取時間:t_s
ロットサイズ:N_s
1個当たり段取時間:t_s/N_s

$$t_e = t_0 + \frac{t_s}{N_s}, \quad \sigma_e^2 = \sigma_0^2 + \frac{N_s - 1}{N_s^2} t_s^2$$

$$c_e^2 = \frac{\sigma_e^2}{t_e^2}$$

製品1個当たり段取時間は同じでも,シングル段取で CT は大きく短縮

図 4.13　段取替によるプロセス変動の増幅と CT への影響のまとめ

【例題】

　4.2 節(2)(b)の【例題】と同様,ある工程で,変動を考えない加工時間は平均 $t_0 = 10$ 分であり,標準偏差は $\sigma_0 = 1$ 分(すなわち変動係数 $c_0 = 0.1$)で,負荷率 $u = 95\%$ としてワークを流している.

> この工程の生産計画が，平均 100 個作っては段取替(すなわち $N_s = 100$ 個)するものになっていて，1 回当たりの段取替時間は $t_s = 100$ 分とする.
>
> この工程における設備稼働率および CT はどのようになるだろうか.
>
> なお，前工程からのフロー変動 c_a は，この工程のプロセス変動 c_e と等しいと仮定する.

変動(段取替)を含めた加工時間の標準偏差 σ_e^2 は，$t_s = 100$ 分と $N_s = 100$ 個を用いると，以下のようになる.

$$\sigma_e^2 = \sigma_0^2 + \frac{N_s - 1}{N_s^2} t_s^2 = 1^2 + \frac{100 - 1}{100^2} \times 100^2 = 100$$

プロセス変動 c_e は，変動を含む平均加工時間が

$$t_e = \frac{t_0}{A} = 10/0.9 = 11.1 \text{ 分}$$

であるから，以下のとおりとなる.

$$c_e^2 = \frac{\sigma_e^2}{t_e^2} = \frac{100}{11.1^2} = 0.81$$

ここでも前工程からのフロー変動 c_a は，この工程のプロセス変動 c_e と等しいと仮定したから，キングマンの公式を当てはめ，以下のとおりとなる.

$$CT = \left(\frac{c_a^2 + c_e^2}{2}\right)\left(\frac{u}{1 - u}\right) t_e + t_e = \frac{(0.81 + 0.81)}{2} \times \frac{0.95}{(1 - 0.95)} \times 11.1 + 11.1 = 182 \text{(分)}$$

CT は，変動を含まない t_0 の 18 倍となる.

ここで，段取替時間 t_s を 1/10 に改善できた場合を試算してみよう. ワーク 1 個当たりの段取替時間 t_s/N_s を同じ条件に揃えて，段取替時間が 1/10 へ短くなった分だけ段取替頻度が 10 倍増加して，10 個に 1 回段取替があるとする. すなわち，$t_s = 10$，$N_s = 10$ だから，

$$\sigma_e^2 = \sigma_0^2 + \frac{N_s - 1}{N_s^2} t_s^2 = 1^2 + \frac{10 - 1}{10^2} \times 10^2 = 10, \quad c_e^2 = \frac{\sigma_e^2}{t_e^2} = \frac{10}{11.1^2} = 0.081$$

となるので，CT は以下のとおりになる.

$$CT = \left(\frac{c_a^2+c_e^2}{2}\right)\left(\frac{u}{1-u}\right)t_e + t_e = \frac{(0.081+0.081)}{2} \times \frac{0.95}{(1-0.95)} \times 11.1 + 11.1 = 28(分)$$

したがって，変動を考えない場合の3倍未満のCTで生産できる．

以上のように，1個当たりの段取替時間が同じでも，段取作業時間を短く，シングル段取に向けて改善できれば，サイクルタイムの短縮が実現される．このように，段取時間を短縮することはIE活動の取組みにとって重要である．

(4)　納期の変動

映画館や電車など，サービスを供給するタイミング(枠)を事業者側が指定する構造であれば納期は変動せず，納期の不都合(上映や乗車までの待ち時間など)は，顧客側に発生する．また，本節(3)(b)に示した昼休みのレストランなら，オーダーを受けても納期はいちいち約束しない．店が混んでいれば，料理の提供まで多少長引いても，深刻なクレームをつける顧客は多くないだろう．

しかし，一般的なものづくりでは，納期は顧客が決めるものであり，CSに直結する．顧客が工場の生産リードタイムに合わせて注文してくれるはずもなく，納期が時間的に変動することは避けられない．

なお，注文量の総量が生産ラインの生産能力と合わなくなる状況については，本節(1)に生産量の変動として解説した．そのため，以下では，生産総量は調整されたことを前提にして，「個々の注文の納期が変動するなかで，生産性を高めていくためにはどのようなことをするべきか」を解説していこう．

(a)　見込み生産と受注生産

①　見込み生産

見込み生産では，製品の製造時点では販売先(顧客)が未定であり，製造後はいずれ顧客に購入されることを見込んで，製品在庫として保持される．この場合，製品在庫は顧客納期の変動を緩和するバッファとなるから，見込み生産は納期の変動を吸収する有力な手段になっている．

また一般的に，ロットにまとめて大量生産できるので，製造コストを下げられる優位性もある．ただし，売れない見込み在庫を抱えてしまうリスクもあるから，見込み生産に適するのは「確実に捌ける製品」に限定され

る. このように, 最初から在庫する目的で生産することから, MTS(Make To Stock)ともよばれている.

② 受注生産

受注生産は, 注文(売れる確約)を受けてから生産を始めるため, MTO (Make To Order)ともよばれる. 多品種を作りやすく, 品種の変動に強い生産形式でもある. 個別仕様の一品生産の場合は, 当然受注生産となるが, 一品生産以外であれば, 原理的には見込み生産でも受注生産でもよい. ただし, 受注生産では生産リードタイムがそのまま顧客への受注リードタイムの下限になってしまうことが弱点である. そのため, 「顧客が希望する納期を満足できるリードタイムであれば受注生産を行うが, 生産のリードタイムが長いせいで顧客に逃げられそうな場合には, 不本意ながら見込み生産をする」という工場も多い.

とはいえ, 図 4.14 のように, 見込み生産をしていても, 生産リードタイムを短く改善できる場合は, 受注生産が適切となるケースも考えられる.

③ 中間的な生産形式

見込み生産と受注生産の中間的な生産形式には, 途中の段階まで見込み生産をして半製品の在庫を保有し, 実際の注文を確認してから, 残りの工程を製造する折衷案もある. これは, BTO(Build To Order)[3]ともよばれ, 見込み生産のメリット(納期変動の吸収)をもつだけでなく, 受注生産のメリット(品種の変動の緩和)も兼ね備えている. BTO は, ストックポイント前までは品種の変動の影響を受けず, それ以降を個別に仕様化して生産できる特長がある.

図 4.14　*CT* と見込み在庫

---

3) 他に ATO(Assemble To Order), CTO(Configure To Order)もある.

(b)　山積み・山崩し

　納期に間に合わせて製造するためには，生産計画の作成が必要である．

　受注生産であればまず受注の可否を判断し，見込み生産であれば需要量を予測して生産対象を定める．そして，どちらの場合でも，「Man(作業者)，Material(材料)，Machine(装置)，Method(加工方法)」(4M)を確保してから，生産計画を作成する．

　生産計画は，一般的に，ある期間を考えることが多く，図4.15のように，第 n 期目の生産計画を立てる日 (T_n) に，納期が A 日先から B 日間を対象とする．その B 日間の注文(需要)をまとめ(山積み)，段取替の回避や混流生産(4.2節(3)(a))などで生産に都合の良い平準化パターンに落とし込み，製造順序を決める(山崩し)ことで納期の変動を吸収する．

　当然，生産計画期間 B が長い(山が大きい)ほど，効率を高められる機会が増え，納期と品種の変動によるロスは低下する．しかし，B が大きいほど，生産着手待ちも含めたリードタイム CT は長くなる．

　また，B が大きいほど，計画量を生産する期間(図4.15のジグザグ線)も長くなるが，受注生産であると，納期より前に生産を完了していなければならないので，生産計画対象期間の最早期日 A を短くすることができない．さらに製造不良が起きた場合の手直しや再製造が必要であることを考慮すると，生産期間の完了から T_n+A までの間に，余裕の日程を設ける必要も出てくるので，A はますます長くなり，CT も長くなる．

　見込み生産では，T_n の時点で，A 日先から $A+B$ 日先までを納期とする将

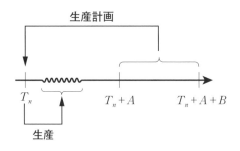

図 4.15　生産計画の対象

来的な需要を，できるだけ正確に予測することが重要となるので，A も B も小さければ予測精度が高まり，納期の変動を抑えやすい．その一方，段取替が増加して，平準化の効率も下がるので，トレードオフの関係になる．さらに，生産計画期間中の在庫切れを心配せねばならない．最小在庫を確保しつつ，継続して周期的に生産量を決定する方法は，例えば「補充点方式」として知られている．

　以上のように，山積み・山崩しでは，A と B を調整して，納期の変動を抑制し生産性を高めることができる．なお，生産計画期間 B の長さと生産期間（図 4.13 のジグザグ線）の長さが大きく異なる場合は，注文量と生産能力の不一致が大きいということなので，納期の変動に対処する前に，生産量の変動（本節(1)）に対処する必要がある．

　さてここで，納期を確定値と見なして，その変動を無視する生産計画にはムリが出てくる．納期とは，本質的に「できるだけ早く納入」と「必要とされるときに納入」の2種類しかないものである．

　例えば，「今から 17 日後に納品してほしい」と懇願してくる顧客がいるであろうか．きっちり 17 日後にそれを使用すると確信できるとは，相当にスケジュール管理できている稀な顧客である．大半の顧客はそうではなく，供給側の都合で受注リードタイムを長くとるから仕方がなく従い，長い納期で契約しただけであろう．そのため，「契約納期を遵守することが顧客価値だ」と考えてしまうと，品質の本質を取り違える．工場のなかには「頻繁な納期変更に生産計画システムが追随できない」と嘆くところも多いだろうが，「将来の納期を，所与の確定値であるかのように誤解して生産計画を立てることに，そもそもムリがあったのではないか」と一度は考えてみてほしい．

(c)　pull 型生産管理

　pull 型生産管理は，納期を根拠として生産計画を立てるのでなく，徹底的に生産量を平準化したうえで，実際に顧客の需要が確定したことを以って受注と考え，個々の納期の変動を排して生産する仕組みである．

　ここで顧客の需要の確定とは，次工程の需要が確定したことも含まれる．図 4.16 のように，顧客あるいは次工程で需要（消費）が確定したことを根拠に，前

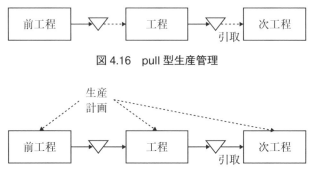

図 4.16　pull 型生産管理

図 4.17　push 型生産管理

工程に生産が指示される(後ろから引っ張る)ことから，pull 型生産管理とよばれる．需要が確定してから生産するため，変動する納期の影響を排除できるわけである．

　pull 型生産は，納期の変動を排除する強力な手段となるだけでなく，プロセス変動(加工時間の変動)や品種の変動をも吸収できるため，さまざまな原因による変動に強い．ただし，工程の各段階それぞれで pull できるだけの WIP 量が必要となる．そのため，生産量を平準化できていない工場で pull 型生産管理を行うと，たちまち WIP が増加していき，CT が長くなり，生産管理が破綻してしまう．生産量が平準化されている場合には，適正な WIP の量は，いわゆるカンバン枚数でコントロールできることとなる．

　生産計画によって各工程が動く(ほとんどの工場で行われている)生産方式は，pull 型生産に対して push 型生産とよばれる(**図 4.17**)．

(d)　受注生産納期の変動
　見込み生産では，需要予測に不確実性があるので「納期は変動するもの」と認識しやすい．しかし，受注生産では事前の契約による納期があるので，「もはや納期は変動しない」と考えてしまいがちである．しかし，本節(4)(b)でも述べたが，顧客は受注リードタイムの長さを不本意に思いつつ，仕方なく長い納期を受け入れるだけなので，顧客としても，本当に納品してもらいたい期日を確定できるのは，契約後になる場合も多い．そのため契約後にも納期は変

動する．このとき，「契約で決まった納期なのに，後から納期を変更したいなんて……」と顧客の要望を厄介扱いしてしまえば，CS は向上しないだろう．

　納期が前倒しになって，工場ができる限り特急で生産する事例は至るところにある．製造リードタイムが長くなれば，受注リードタイムも長くなって，ますます「特急で生産してほしい」という依頼が増える．このような悪循環に陥らないためには，受注リードタイムを小さくするための在庫保有や，中間在庫保有 BTO 方式へと生産管理を見直すことが求められよう．

　前倒しとは逆に，後倒しとなるケースは，例えば建材製造に例がある．建築部材は予定工期を納期として製造されるが，部材個々の使用日時を確定できるのは工事の進捗次第であり，狭い建築現場への納品は本当に必要なタイミングに限られる．多くの場合，工事進捗は予定工期よりも遅れるから，契約納期に合わせて生産すると納品の許可待ちとなる．これが，大型建材ならピッキング梱包済状態で保管できるスペースも必要で，大きな保管コストを負担する羽目になる．この場合には，受注生産が可能でも納期を目標に生産計画を立てずに，pull 型生産と混合することで生産効率を高める対処法が考えられている [3] [4]．

(5)　情報コミュニケーションの変動

　工程編成や分担変更に関する情報は，どの生産ラインでも漏れなくタイムリーに伝わるものである．しかし，いったん生産が始まってしまうと，「○○でチョコ停が重なり，生産が遅れてボトルネックとなっている」といった遅れ情報すら，なかなか共有できないまま，サイクルタイムが長くなっていくことも多い．このようなときに事前に「計画生産数を早くこなした他の工程から作業員を臨時応援する」と定めていたとしても，変動が突発的に生じたために，遅れの有無を共有する仕組み（情報コミュニケーション）にムラが生じると，円滑に対処できなくなる．そのため，臨時応援を確実に実行するためには，例えば工場の同一構内に対してはアンドン（トヨタ生産方式で用いるラインストップ表示板や表示灯）などの目で見る管理の道具を通じて，ラインの進行状況を見える化し，それにもとづいて適切に対応ができるようあらかじめコミュニケーションできていることが肝要である．チョコ停や習熟差によって加工時間に遅れが起きたことが，その場でその瞬間に見える化されるかどうかが，ムラ

との戦いで重要なのである.

　情報コミュニケーションの見える化はますます重要になっており，同一構内の生産ライン内部に留まらず，間接部門の業務負荷の変動，あるいはモノの流れ，さらにはサプライチェーンの前後まで含めて行う必要が増している．情報の変動を除去して，他部門や外部ともプロセスを同期化できれば，前工程からの仕事・ワークが到着しないことで発生する待ちや，後工程からのブロッキングによる停止といったムダを防ぐ効果が期待できる.

　現在，製品物流ではドライバー不足が盛んに取り上げられている．しかし，トラック1運行当たりの手待ち時間は約2時間もあり，積載効率は41％でしかない報告がある[4]．これは，メーカー側と貨物を運ぶトラック業者間で，積込み・荷卸しを行う際，構内の状況の見える化が十分にされておらず，またコミュニケーションも不十分であることが原因である．そのため，情報コミュニケーションのムラを解消したうえで，積込み・荷卸しの予約制などを採用できれば，待ち時間を大幅に短縮できるはずである．また，積載効率を上げるためにメーカー同士が連携して混載を認めたり，検品などの付帯業務を削減することができれば，ドライバー不足は大幅に緩和できるはずである.

■3つのバッファによる変動の対処

　ここまで，「生産量」「加工時間」「品種」「納期」「情報コミュニケーション」に分類して変動を解説し，それぞれ有力な対処法を説明してきた．しかし，それらを実際に改善していくには，相当の時間がかかる.

　これに対して，Factory Physics では，「現状の効率をとりあえず認めたうえで，変動そのものをなくすことだけを狙うのではなく，種々の変動から理論的に TH を守るために，3つのバッファを使い分けて変動に対処すべき」と主張している.

　ここで3つのバッファは以下のとおりである.
　① 　在庫余裕：変動から導かれる CT に対応する TH を確保するために，リトルの公式にもとづいて WIP 量を設定すること

---

4)　国土交通省：「物流を取り巻く現状について(2017年2月)」(http://www.mlit.go.jp/common/001173035.pdf)

② 能力余裕(負荷率を下げる)：CT の増大を緩和するために，負荷率 u を下げること(キングマンの公式において u を大きくしないこと)

③ 時間余裕：サイクルタイム CT の変動に対する納期の時間的な余裕

繰返しだが，以上のように実力に応じて TH を守るための方策をとりつつ，同時に変動を低減させる活動を駆使していくことが，IE 活動を有効化し，かつ日本企業の強みを維持できる方策であろう．

4.3 多能工育成とセル生産・DLB

(1) 負荷平準化のための多能工育成

ムラがもたらす不効率やリードタイム増大に対して，「生産量減少に応じて一人当たり作業の守備範囲を拡大すること」(4.2 節(1))，「助け合いで遅れ工程を応援すること」(4.2 節(5))などの対処法の有効性を示した．しかし，これらを実現するために，より多くの種類の作業ができる多能工(multi-skill operator)が必要となる.

多能工(事務部門においては多専門化)の育成を進めるためには，業務を作業や要素作業まで分解・棚卸し，作業とオペレータ個人を縦横マトリックスとするスキルマップを作成することからはじめる．各オペレータについて，業務別(各作業)のスキルを，例えば以下の区分に従い評価したものを書き加える.

- レベル 0：知識がない，または経験がない.
- レベル 1：業務知識の概要は理解できている.
- レベル 2：習得した知識を用いて他者のサポートを得て実践できる.
- レベル 3：知識を活用して業務を一人で実践できる.
- レベル 4：レベル 3 に加えて，業務内容を他者に指導できる.

これに続いて，業務の負荷状況とオペレータの現状の業務におけるスキルレベルから，多能工育成の計画を策定して，業務マニュアルを作成するなどして実行する[5].

---

[5] 具体的手順については，経済産業省：「改善マニュアル」「No.6 多能工(マルチスキル)人材育成による人材の有効活用」(https://www.meti.go.jp/policy/servicepolicy/service/download/download.html).

(2)　多能工とグループセル生産による助け合い

　大きな需要変動に対して，少ない設備投資で柔軟に対応するために，多能工の存在を前提とする「セル生産」(多くは組立作業)が考えられている．これは，従来のベルトコンベアを用いたライン生産を廃止したうえで，工程間の間締めや搬送に重力を活用するなどのLCA(ローコストオートメーション)を導入し，より少ない投資でより大きな需要に柔軟に対応できる生産方式である．セル生産は，生産性の向上，リードタイムの短縮や生産スペースの削減にもつながっている．

　図4.18左上は，すべての工程を一人でこなす「自己完結性セル」である．これは，作業位置の前に屋台のように部品や冶具を配置しワークを完成させる「屋台セル」や，ワークを台車に載せ，部品や冶具を配置したセルを巡回しながら完成させる「巡回型セル」などがある．ここでは，すべての作業や管理能力まで持ち合わせる必要があるから，多能工というより，万能工・匠・マイスターともよぶべき人材が必要とされている．一つひとつの製品を自分一人で完成させられることから，達成感や仕事に対するモチベーションも非常に高まる．

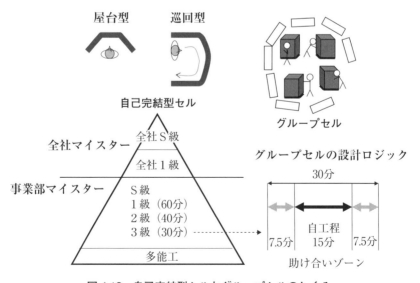

図4.18　自己完結型セルとグループセルのしくみ

　図 4.18 右上は，何人かのグループで製品を完成させる分割方式の「グループセル」である．このときに重要なのは，自工程の作業待ちや，次工程が作業中であるために生じるブロッキングなどによる作業時間の変動を吸収し，スループットを最大化するための「助け合いゾーン」を設定することである．

　図 4.18 左下は 2000 年頃セル生産で有名だった C 社の多能工育成のための階層図で，例えば 3 級(30 分)という資格は「30 分(この時間が長いほどよりスキルが高い)の作業がカバーできるスキルを修得した多能工に認定されている」という意味をもつ．

　ここで例えば，3 級以上の腕を最低限もつ条件で，スキルの異なる多能工を，互いにカバーする前提でグループセルに投入したとする．このとき，一人のオペレータが専任で担当できるのは，30 分の真ん中の 15 分の作業(図 4.18 右下)で，その前後の 7.5 分の作業部分が「助け合いゾーン」であり，バッファとなる．すなわち，前のオペレータの作業が遅れた場合には，バッファの前工程に近い位置で作業を引き継げばよいし，作業が早くなった場合には，自工程に近い位置で作業引き継げばよい．

　このようにして作業時間のムラ・変動を「助け合いゾーン」で吸収することで，効率を落とさずに製品を完成させることができる．

(3)　ロボットセルと変動吸収引き渡しルール —DLB—

　セル生産の助け合いゾーンと同じような考え方に，ラインバランスの研究から派生した DLB(Dynamic Assembly-Line Balancing)がある[5]．これは，ロボットセルで，リアルタイムにワークの残り工数などの進捗状況をセンシングできる状況で有効な手法である．

　DLB では，製品の完成までに必要な一連の作業を，サブタスク(要素作業)の集合と考える．このとき，サブタスクは，バランス効率を高めるために固定タスクと共有タスクに分類される．共有タスクは，セル生産における助け合いゾーンに相当するものである(図 4.19)．

　共有タスクでは，図 4.19 中の矢印で示す DP(Decision Point)とよばれる作業の受け渡しを判断する点が指定される．DP1 では共有タスクの各サブタスクの前後で細かくなり，DP4 では共有タスクの前後のみで粗くなる．

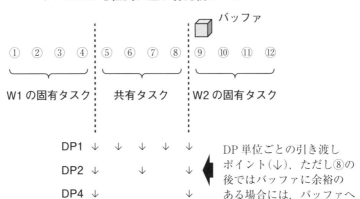

図 4.19　DLB の用語と挙動

　さらに，共有タスクの終わりに，ワークをいったん保管するバッファを設けることもできる．その場合，バッファや後工程のロボット（作業者）W2 の状況に応じて，「そのまま前工程 W1 が作業を続けるか」「後工程 W2 のロボット（作業者）に作業を受け渡すか」「バッファにワークを置くのか」を決めればよい．サブタスクの作業（加工）時間が変動するなかで，スループットを最大化する運用方法は，バッファを設けるか否かで異なる．

　①　バッファを設けない場合：多能工のスキルレベルを上げ，すなわちロボットの作業範囲を拡大して，共通タスクの助け合いゾーンを拡げる．
　②　バッファを設ける場合：受け渡し（あるいは制御）を工夫する．

　しかし，受け渡し方法を決めるルールは必ずしも簡単ではない．DLB では，W2 の状況だけでなくバッファにあるワークの進捗度までモニターした制御ルールが提唱されている．ここで，一番シンプルかつ標準的なルールは次のとおりである．

　W1 が固定タスクを終えて DP に達したとき，W2 が作業中ならば，W1 はそのワークの次の DP まで共有タスクを続ける．もし W2 がアイドル状態であれば，W1 はそのワークを W2 に手渡す．そして，W1 が助け合いゾーンの最後の作業を終えたときに，W2 が作業中であれば，W1 はそのワークをバッ

ファに置く．なお，バッファが一杯である場合には，W2 が作業を終えるまで W1 はそのワークを保持し続ける，すなわちブロッキングによる待ちが生じる．

これは，W2 の立場から見ると，「W1 から受け継いだタスクを終えたときに，バッファにワークがあればそれを受け取ればよい．もしそれがなければ W1 が DP に達するまでワークを待てばよい」という単純なルールになり，実務上簡単に運用できる．

DLB は，共有タスクの数をあまり大きくせずともバッファの効果を引き出し，高スループットを稼ぐのに有効である．DLB は，IoT の時代に適していて，日本でも今後の活用が期待される．もちろん，スループットを阻害する根源である作業・加工時間のムラ・変動をなくすための IE の活用も忘れてはならない．

4.4 現代型変動とリスク対応

4.3 節まで，生産ラインに発生する変動（ムラ）を取り上げた．しかし，グローバル化した現代社会においては，偶発的な変動が生産ラインを超える規模にまで及ぶ．大雨や台風，津波による水害や地震などの自然災害で物流が断絶した結果，サイクルタイムの短いジャストインタイム方式工場の操業が中断に追い込まれる例は毎年のように報告されている．また，特定地域の疫病や政治情勢の変化によって，サプライチェーンに予期せぬ悪影響が出る事例も珍しくなくなっている[6]．

このような困難に直面しても，ビジネスの継続（あるいは早急な復旧）が果たせるように，想定されるリスクを緩和する（レジリエンスを高める）ためには，天災はもちろん，個人として直面する社会に求められる能力の変遷や，組織が直面する品質問題や情報漏洩などの不祥事，国家規模で問題となる為替変動やカントリーリスク，テロなどについて，できる限り予測して，事前に対応できるよう，コンティンジェンシー計画を確実に策定することが求められる．

ここで求められているのは，リスクの存在を認識し，それから生じる影響を明確化したうえで，それらを回避する努力・デューデリジェンス（due

---

6) 戦略物資（レアアースなどの原料）の供給が制限されたり，国民感情の悪化で故意に製品ブランドが毀損される事例のことを念頭に置いている．

diligence)を怠らないことである．この基本は，例えば製品在庫について，「何が」「どこで」「どうなっているか」を見える化することや，部品やシステムの代替可能性を増やすために標準化することである．

4.2節(5)ではサプライチェーンの前後にまで広げて情報コミュニケーションをムラなく行う仕組みを作り上げる重要性を説いたが，レジリエンスとしても有効性が高い．また，これを働き方改革とも連動させて，緊急時の在宅勤務を可能にするテレワークを普段から取り入れたり，危機が陥ったときにその普及を助ける多機能のお助け部隊を組織化しておくことなどが求められる．

第4章参考文献

[1]　圓川隆夫(2017)：『現代オペレーションズ・マネジメント　IoT時代の品質・生産性向上と顧客価値創造』，朝倉書店．

[2]　圓川隆夫(2018)：「ものづくりの科学：Factory Physicsと日本的アプローチ」，『品質』，Vol.48，No.4，pp.5-11.

[3]　和田雅宏(1994)：「生産組み合わせ制約のある多品種変量受注生産方式の設計」，『経営システム』，Vol.3，No.4，pp.233-242.

[4]　和田雅宏，曹德弼，圓川隆夫(1999)：「発注納期より確定納期が遅れる取引のpush/pull型生産在庫」，『日本経営工学会論文誌』，Vol.50，No.3，pp.184-190.

[5]　Ostolaza, J., McClain, J. O. & Thomas, J. (1990)："The use of dynamic (state-dependent) assembly-line balancing to improve throughput", *Journal of Manufacturing and Operations Management*, Vol. 3, pp. 105-133.

第 **5** 章
環境情報とできばえの可視・可測化

5.1 五感と環境情報

　第4章まで，生産性向上としてスループットを考え，時間的な変動による効率を解説してきた．本章では，難作業や，カン・コツに属する技能が必要となる作業について，五感で感知する環境情報（シグナル・サイン・シンボル）や感覚情報を可視・可測化することで，作業者の技能パフォーマンスを向上させたり，効率化させる最近の技術を紹介する．

　熟練技能者は，自らの五感からの情報をシグナル（図1.6）として処理することで反射的に動作ができる．そうであるならば，自らの五感以外の手段で得る感覚情報がサインとなって，より高度な技能を発揮できる入力情報を得ることが期待できる．5.2節では，視覚，触覚，聴覚の分野から，五感を可視・可測化する現代的な方法を紹介する．

　次に，作業未習得者が，知識ベースの判断を働かせるためのシンボルとしてカン・コツ情報を処理するならば，それらを治具，測定機器，動作ガイド，手順書などで補うと，「何を見て，何を感じて，動作がなされるのか．また，どのような動きが良い動作なのか」を可視・可測化でき，より早く，より確実に技能を習得する補助となる．このようなアプローチは，熟練工の高齢化により対応が急がれている技能伝承の効率化にもつながる（5.3節）．

5.2 カンやコツを補強する技能パフォーマンス向上のために

(1) 視覚情報の可測化 —視点—

　視覚は，外界からの情報を80％程度取り込んでいるといわれている．視覚は，眼に入射する光によって生じる感覚であり，その処理過程において明るさ，色，

形，動き，空間的位置などが知覚される．「目は口ほどに物をいう」「目が利く」などの慣用句があるように，眼は脳内の情報処理や制御の結果を反映するといわれている．特に，眼の動き（視線）を計測することで，人の潜在意識や本音を察知できることから，視線計測は，生産現場での検査工程の可視化，マーケティングリサーチにおける広告効果の調査やユーザービリティーの検証などで用いられている．

（a）　視線計測

　人の眼には，**図 5.1** のように光受容細胞である視細胞が高密度で網膜に並んでいる．角膜から水晶体を通じて網膜に映し出された情報は，視細胞によって感知された光情報が電気信号に変換される．その信号が視神経から脳に伝達されることで視覚像が形成される[1]．

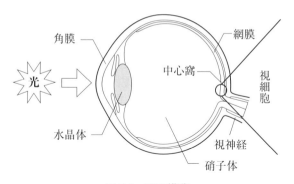

角膜　　　　　　　　　　　　網膜
中心窩
視細胞
光
水晶体
視神経
硝子体

図 5.1　眼の構造

　視細胞は，暗いところでわずかな光やその運動を検出する桿体（かんたい）と，明いところで形や色を検出する錐体（すいたい）がある．桿体は網膜周辺部に，錐体は視野の中心に対応する網膜上の中心窩（か）に分布している．中心窩は，視覚の最も正確で識別度が高い部分であり，ものを観察するうえで大変重要な働きをする．

　通常，私たちは絶えず眼を動かして，対象を視野中心で捉えようとする．視野中心と観察対象を結ぶ線を視線という．視線は興味や行動の対象に向けられており，操作対象，興味，関心，意図などを反映する．

　視線を観察すると，視線の位置は1秒間に3～4回程度の頻度で移動と固定を繰り返している．視線をある位置から別の位置へ急速に移動させる眼球運動をサッケードといい，視線を一定期間ある位置に留めておくことを固視または注視という[2]．注視しているときにサッケードが生じれば，視覚像がぶれるように思われるが，注視しているときにサッケードが止まってしまうと，視覚像がなくなるといれている．視線の動きとサッケードは，ものを見るためになくてはならないものである．

　視線の動きを追跡・分析する手法をアイトラッキング（視線計測）という．アイトラッキングには，アイトラッカーという眼の動きを検知する装置が用いられる．スポーツや観光などにおいて，カメラを頭部に装着することで装着者と同じ視線の景色を撮影するアクションカメラも，アイトラッカーの1つである．

　アイトラッカーにはさまざまな方式があるが，被験者の行動を妨げることなく，場所を選ばずに計測できる光学式がよく用いられている．光学式のアイトラッカーには帽子型と眼鏡型があり，ともに視野に相当する映像を撮影するカメラと眼球を撮影するカメラを備えている．光学式アイトラッカーでの眼球運動の検出には，一般的に角膜反射法が用いられている[3]．

　角膜反射法は，角膜に照射したLED光の反射点と瞳孔をカメラで撮影し，その画像から眼球の方向を検出する方法である．視野画像に視線を重ねて表示し，視野画像に対する視線位置を求め，視線が留まっている位置や時間などをゲイズプロットやヒートマップにより可視化する．得られた動画像にはアイトラッカー装着者の視野と視線が含まれており，その映像を見ることで装着者の視線を観察できる．

(b)　視線計測の事例

　工場など各種現場で，熟練技能者が備えるカン・コツを可視・可測化するために，視覚情報を計測するアイトラッカーが活用されている．本節では，機械加工の1つであるフライス盤作業において，熟練技能者と未習熟者の身体動作と視線動向を計測した研究事例[4]を紹介する．

　この実験では，作業者の視線計測にモバイル型アイマークレコーダEMR-9（ナックイメージテクノロジー社製）を用い，身体動作計測にモーションキャプ

チャ MAC 3D system(ナックイメージテクノロジー社製)を用いている.

　図5.2 は，フライス盤作業のエンドミル加工中の実験の様子とアイトラッカーの画像であり，アイトラッカー画像上の白い四角のマーカが作業者の視線位置である.

　フライス盤作業の仕上げ加工では，均一な加工面を得るために，材料を取り付けたテーブルを一定速度で移動させる「自動送り」が使用される．その際,

図5.2　実験の様子とアイトラッカーの画像

作業者が設定した切削条件により加工が行われるため，工具入口での切削状態の観察は「適切な切削条件であるかどうか」を確認するうえで重要となる．

例えば，仕上げ加工時の自動送り中の視線軌道を見てみると，未習熟者の注視点が切削点近傍にある一方で，熟練技能者の注視点は工具入口では切削点近傍にあるものの，その後，作業台や測定器などに注視点が移動している．この違いは，ビデオ画像や動作計測による行動にも現れている．このことから，未習熟者は作業に対する不安感から切削中の状態を常に確認し，熟練技能者は適切に加工が行われていると判断した場合には機械に作業を委ね，次工程を意識した行動をとっていると推察される．

以上の実験からわかるように，視線の移動パターンと注視する対象の状況あるいは身体運動のパターンには，時間的・空間的な関係がある．そのため，視線および身体の運動から，熟練技能者の思考と行動の動きを捉えることにより，技能パフォーマンスの向上と改善につながることが期待できる．

(2) 触感情報の可測化

私たちが製品を選ぶとき，色や形（視覚情報）だけではなく，それを手に取り，柔らかさやツルツル感（触覚情報）を確かめることもある．ハンマーや鋸（のこぎり）など道具を操作する際，視覚情報がなくても，道具の操作感（触覚情報）から道具そのものだけなく，道具を介して外部の状況を認識できることもある．

手触りや操作感などを構成する触覚は，外界と直接的に接触する感覚器で，視覚や聴覚と深く関係しつつ記憶の定着や行動の成り立ちに重要な働きをする．

本節では，触覚に関する基礎知識と触覚を再現する工学技術を紹介する．

(a) 触覚

触覚は全身に分布している感覚で，特に皮膚は身体の中で最も大きな感覚器官である．触覚は，皮膚受容感覚と深部感覚（固有感覚）に分類される[5]．皮膚受容感覚は，皮膚に分布する触受容器の働きに起因し，触圧覚，振動覚，温度覚，痛覚など機械的な刺激に反応して発生する．深部感覚は，対象に触れたときや四肢を動かしたときの力の知覚に関連する．

触覚は「対象に触れて知る」という触察行為を伴うため，受動触と能動触に

区分される．前者は，随意運動を伴わず安静状態の皮膚に対して外部からの刺激によって与えられる感覚である．後者は随意運動を伴った接触運動によって生じる感覚であり，皮膚感覚のみならず筋や関節の受容器にもとづく運動感覚も関与する．

　未知の対象を指や手のひらで探るとき，大まかに手指を動かし全体像をまず把握し，次に注目したい部分に触れて詳細な情報を得る．このような受動触と能動触の機能をあわせもつ触察行為はハプティック知覚とよばれ [6]，対象物の触知覚において重要な役割をもっている．

（b）　ハプティックインタフェース

　視聴覚情報に加えて，より実世界に近い優れた操作性をもつ環境を実現するため，人間の皮膚感覚や深部感覚に情報を提示し仮想物体を感じさせるハプティックインタフェースが考案されている．ハプティックインタフェースには，大別して，手のひらや指で物体の表面をなぞったときに得られる材質感や表面性状などを提示する「触覚ディスプレイ」と，アームやワイヤなどの抗力や張力によって力覚情報を提示する「力覚デバイス」がある．

　触覚ディスプレイには，複数のピン状の突起物を上下に動かして振動や凹凸情報を提示する方式や，圧電素子に交流電圧を印加し振動を指先にフィードバックする方式などがある [7]．例えば，ある触覚ディスプレイ（**図 5.3**）は 3 つの薄型ピエゾ素子から成り，ピエゾ素子の振動パターンを制御することで表面

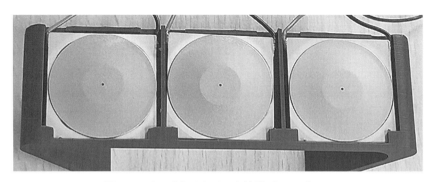

図 5.3　ピエゾ素子を用いた触覚ディスプレイ

粗さ感や凹凸感などのテクスチャ感，刺激点に対する仮想の定位(ファントム
センセーション)や運動(仮想運動)をユーザに提示する．このような触覚ディ
スプレイは，スマートフォンやタブレットの表示画像と連動して触感を提示す
るシステムや視覚障害者向けの情報伝達システムなどに利用されている．

　力覚デバイスには，机上あるいは背中や腕などの体の一部に支点を置いた装
置や，小型で持ち運びが可能な装置がある．また，力覚デバイスを用いて建設
現場や工場などでの作業者の力を補助するパワードスーツも力覚デバイスの1
つである．

　図5.4は力覚デバイスの一例だが，これには，モータで駆動するリンク機構
が組み込まれており，ユーザが操作するペン型デバイスの動きを制御して力覚
を提示する．力覚デバイスは，仮想物体に触れたときに手に伝わる反力をリア
ルに再現できるため，仮想物体を変形してモデリングするシステムや，モデル
の表面形状を触った感覚を得ながら彩色するシステムなどに用いられている．

　現在，ハプティックインタフェースは，医療分野での手術支援ロボットや遠
隔診断，特殊環境下でのロボットの遠隔操縦，製造業分野における造形デザイ

図5.4　力覚デバイス

ンや手感覚にもとづいた組立・検査作業の自動化など幅広い分野で活用されている．特に遠隔操作の場合，これまで「触れた感覚で力を加減する」機能がほとんどなかったため，現地の画像データにもとづいて遠隔地でカン・コツによる操作をしていた．近年，触覚をリアルタイムに伝達する力触覚技術によって，現地でロボットを通してモノに触れれば，遠隔地にいる操作者は，あたかも直接触れたように触覚を感じることができている[8]．

　情報通信技術の発展により，視聴情報以外の情報も通信できる環境が整いつつあるなかで，ハプティックインタフェースはこれまでの情報通信で得られなかった新たな体験をユーザに提供する技術として期待されている．

(3)　聴覚情報の可測化 ―音源―

　機械を稼働する，材料を加工するなどのモノを生産する作業においては，何らかの「音」が発生する．この発生する「音」を適切に聞き分けることで，作業や品質の良し悪し，また作業工程における異常などへの判断にまで発展させることができる．実際に熟練技能者は，作業時に発生する「音」を聞き分け，品質の良し悪しを判断したり，異常に対して早急に対応を講じる場合がある．

　「音」は，作業工程の現状判断に重要な情報を提供しているものの，目に見えないため，発生源の特定が難しい．「どこから，どのような「音」が発生していれば異常な状態といえるのだろうか」という判断を適切に行えるまでには，多くの経験が必要不可欠である．これを容易に判断できれば，生産性の向上が期待できる．

　例えば，作業工程のなかで発せられる「音」を利用したい場合，マイクで収集した情報にFFT（高速フーリエ変換）処理を行い，その周波数を分析して，音の特徴を把握することが一般的である．しかし，この手法では，「どこから，どのような音が発せられているか」を特定するまでに多くの労力を有する．その一方，近年では，複数個のマイクが配置されたアコースティックカメラ（図5.5）とよばれる音源探査装置が容易に利用可能となった．この装置を使用することで，「どのような周波数帯の音がどこから発せられているか」を特定することができる．さらに，今まで気がついていなかった音源に対してもアプローチできる可能性があり，これまで培ってきた熟練技能者の音による判断力をさ

図 5.5　アコースティックカメラの外観

らに高度化することに役立つと考えられている.

　本節では，上記の一例として，アコースティックカメラを用いて木材の切削加工を行う際に音を見える化した例と，音を見える化することによる可能性を紹介する.

　図 5.6 は，アコースティックカメラ(Brüel &Kjaer 社製)を使用し，異なる周波数の音をスピーカーから発した条件下で測定した画像を示す.　なお，本測定において使用したアコースティックカメラは，30 個のマイクが半径 300mm の円盤上に配置され，各マイクに届く時間差を利用することによって，ある周波数の音源を可視化(特定)する仕組みとなっている.　本装置を用いることで，図 5.6 に示すように，FFT 処理されたスペクトル(図 5.6 右側)から確認できる 2 つの特徴的な周波数帯の音源の位置を特定できる.

　このような，アコースティックカメラを用いて，木材の切削加工に用いる昇降丸鋸盤の空転時に測定すると，図 5.7 に示すような結果が得られる.

　この結果から，昇降丸鋸盤の空転時に発生する音の中に，丸鋸を回転させる軸近傍から発せられる音(約 300Hz の周波数帯)と，丸鋸の回転で刃先が空気

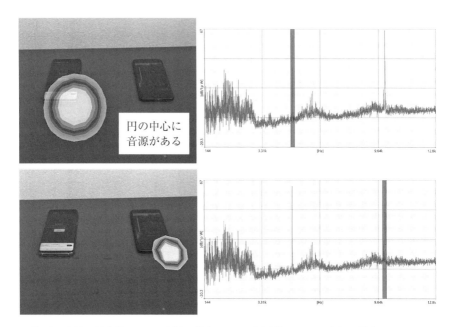

注 1)　上図は周波数 5 kHz の音源の特定，下図は周波数 10 kHz の音源の特定.
注 2)　音源近傍がカメラ画面上に色づけられて表示される.

図 5.6　アコースティックカメラによる音源の特定

を圧縮して生じる圧力差で発生する音(約 7 kHz の周波数帯)を特定できる．そのため，これらの周波数帯に着目し，その変化を評価すれば，当該部分の不具合(軸部の摩耗や刃先の摩耗など)を検出できる可能性がある．

　また，昇降丸鋸盤による木材の切削加工時も同様にして，工具と被削材との接触部近傍から出ている音を見つけ出し，切削加工で生じる音だけを評価することで，加工条件の良し悪しなどの評価へと発展させることが期待される．

　以上のように作業時に発生する「音」を可視・可測化することで，熟練技能者の技能を形式知化するだけでなく，これまで熟練技能者が培ってきた音による判断力をさらに高度化するのに役立たせることが期待される．

　なお，本節では，「音」を「人の可聴領域である 20 Hz 〜 20 kHz の周波数域の音波」として，可視・可測化の対象としたが，超音波(可聴域以上の周波数

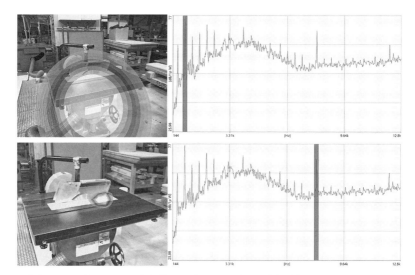

注)　上図は約300Hzの音源(軸の回転により発する音)の特定，下図は約7kHzの
　　音源(刃先による空気の圧縮で発する音)の特定.

図5.7　昇降丸鋸盤の空転時に生じる音の音源の特定

帯の音波)は，構造物診断などで一般的に利用されている．しかし，超音波に
対して波長が短い可聴域の音波は，減衰が小さく離れた場所から測定できるた
め，より広い範囲(ライン全体など)を俯瞰することで「どの箇所で不具合が生
じているか」などを特定する方法に利用できる可能性がある．

5.3　カンやコツを補完する技能習得・伝承の確実化と加速のために

(1)　溶接技能の習得とそのスピード化 ―ARの活用―

　五感を補完する可視・可測化により作業習熟をスピード化する技術として，
ARを活用した溶接作業の例を紹介しよう．

　アーク溶接は，アーク放電(気体中の放電現象)によって発生する高熱を利用
し，金属材料を溶融・接合させる技術である．例えば，**図5.8**のように2枚の
金属板を突き合せて接合する．ここでは，被溶接材である母材とトーチ先端の
電極(溶接ワイヤ)との間にアークが発生し，その熱によって母材と溶接ワイヤ
は溶融されるが，溶融した母材と溶接ワイヤは混合してボンドとなり，2枚の

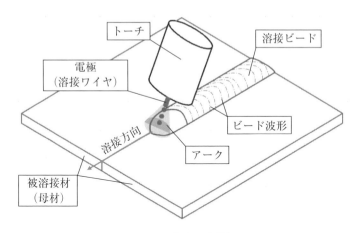

図 5.8　突合せ溶接例

金属板を接合する．これが溶接方向に連続することで溶接ビードが形成されて溶接されるのである．したがって，適切な溶接ビードの形成は高品質な溶接を行うための主要な技能である．

　適切な溶接ビードの形成に必要な技能要素は，溶接電流・溶接電圧をはじめさまざまであるが，主に必要とされるのは，「被溶接材に対する溶接速度」「トーチなどの角度」「アーク長（電極と母材との距離）」および「方向性」の4つである．溶接速度はビード幅，トーチなどの角度はビード波形と偏り，アーク長はビードの高さ，方向性はビードの直進性によって確認することができる．

　ところが溶接作業では，**図 5.9** に示すように，アーク光，ヒューム（煙）およびスパッタ（火花）などが発生するため，4つの技能要素の直接的な確認・観測は困難である．そのため，溶接技能を習得させるための指導では，指導者は学習者の前や後ろに位置して溶接作業を観察し，「もっと早く・もっと遅く」「近づけて・離して」などとアドバイスを行い，ときには手を取り溶接するなどしてカン・コツを教えている．この指導は学習者にとって理解が難しく，習熟には何回もの繰返しが必要となる．

　技能要素の形成が不適切であると，ビード形状の乱れや溶接欠陥の生成に直結するので，溶接後のビードを観察すれば，間接的に各技能要素の習熟度を評

図 5.9　溶接概要

価・判断することはできる．しかし，その評価・判定は未習得者には困難である．このため，溶接技能の習熟のスピードを早めるために，技能要素の可視・可測化が必要となる．

　このためには，例えば溶接学習に VR(Virtual Reality：仮想現実)や AR (Augmented Reality：拡張現実)技術を応用することが考えられる．AR および VR 技術を利用できれば，実際にアークを発生させず，センサを利用した技能要素の計測が簡単にできるようになるため，計測データを解析することで技能要素の習熟度を定量的に把握できる．ただ，VR と AR を比べた場合，以下の理由から AR のほうが有利であると考えられる．

　実際の溶接作業では，溶接者と被溶接物との位置関係の認識が重要である．溶接作業者は安定した溶接を行うために，被溶接物周辺の物を利用する．例えば，溶接用作業台を利用して身体の一部を固定し適切な作業姿勢を維持しようとするが，このような場合，VR では被溶接物周辺をすべて CG 化しなければならない．しかし，AR ならばカメラによって取り込まれた実写映像に CG 化

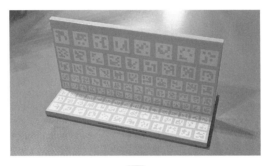

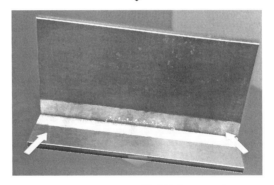

図 5.10　AR による被溶接物の CG 化

された被溶接物を重ねることができる.

　図 5.10 は，作業台上に置かれて AR マーキングされた被溶接物をカメラで取り込んで CG を重ねた例である.このように，AR ならば被溶接物の設置自由度が大きく，広範な溶接姿勢や条件に対応できるのである.

　図 5.11 は，AR 溶接シミュレータを活用した指導例である.学習者はモニタが装着された溶接面(アーク放電から遮光遮熱する作業者保護具)を着用すると，溶接面内のモニタに図 5.11 右図が映される.CG 化された被溶接物には方向性とビード幅(溶接速度)を指示するガイド，トーチには保持角度とアーク長を指示するガイドが投影されている.学習者はこれらによって，溶接中に4つの技能要素の状況を常時確認できる.また，溶接中のデータは記録されており，**図**

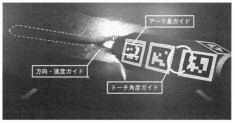

図5.11　AR溶接シミュレータによる溶接訓練

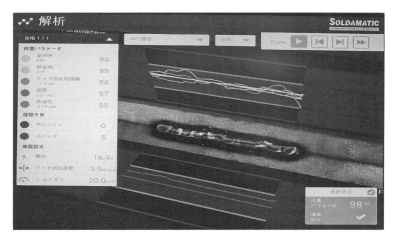

図5.12　溶接技能の可視化・定量化

5.12のようにグラフ化される．このため，各技能要素の習熟度は自動的に解析し得点化できるので，溶接技能のより早い習熟に役立てられる．

　また，AR溶接シミュレータを利用することで，溶接の実習のために被溶接材料を切断したり，切削加工および溶接部表面清浄などを行うといった準備作業を簡略化したり，なくすことができる．そのため，「準備→溶接→習熟度評価」というサイクルの短縮が達成でき，溶接技能のより早い習熟に役立てられる．

(2)　建設技能の習得とそのスピード化 —AR の活用—

　日本の建設業では，技能労働者の高齢化が進み，まもなく建設技能者が不足するといわれている．したがって，新規入職者を効果的かつ効率的に育成する教育訓練プログラムを作成することが喫緊の課題である．もともと建設業は，古くから徒弟制度のもと，親方から弟子へ技術や技能を伝承してきた．しかし，近年は人手不足などで従来型の人材育成を継続することが困難になっている．例えば，人材育成の具体的な問題点には「指導する人材が不足している」や「人材育成を行う時間がない」などが上位に挙がっている[9]．このような問題を解決すべく，筆者らは，AR ヘッドマウントディスプレイ(HMD)を用いて，初歩的な教育内容の自主的な実習型教育訓練プログラム[10]を提案している．本節では，その教育訓練プログラムを解説する．**図 5.13** はその概念図である．

　受講者が効率的に技能を習得するには，建設現場で必要な技能要素を適切な時期に習得し，その技能レベルと評価手法を事前に理解することが重要になる．そのため，本教材は事前の調査で得られた高い優先順位の技能要素ごとに，それぞれ「①自主学習教材」「②技能評価・技能支援教材」の 2 種類で構成した．

　自主学習教材は，HMD に表示される手順を確認しながらの自学自習が前提であり，道具の使い方や，技能手順，成果物の自己評価手法を，自分の好きな場所や時間で習得できる．この教育方法は本人の理解度に合わせた教育訓練を

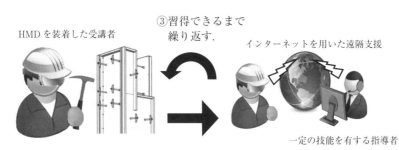

　注)　自主学習教材は Dynamic365 Guides for Preview を，技能評価・技能支援教材は
　　　　Dynamic365 Remote Assist, HMD は HoloLens を用いた(すべて Microsoft 社製)．

図 5.13　AR ヘッドマウントディスプレイを用いた教育訓練プログラムの概念図

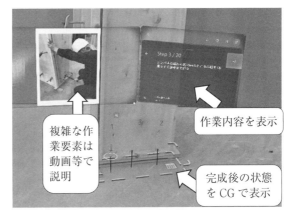

複雑な作業要素は動画等で説明

作業内容を表示

完成後の状態をCGで表示

a) 作業風景　　　　　　　b) 受講者に見える風景

図 5.14　自主学習教材

実施できることが利点である．また，技能評価・技能支援教材では，指導者がPC端末などを通じて，受講者が自己評価した成果物の評価を実施する．適切な段階で成果物の評価を実施することで，正しい技術および技能を身につけることができる．また，HMDを通じて対面指導を行うため，受講生の技能習得度に合った技術指導を実施することができる．

　図5.14が自主学習教材の一例であり，HMDを装着して型枠技能者の基本技能(柱型枠の建込工程)を学習している施工風景(図5.14a))および，その目線(図5.14b))である．これら一連の作業は，HDMを装着することで，両手が自由に使えるため，安全な状態で実作業と同様の作業姿勢で実施できる．

　受講者にはARの特徴である実世界の風景に，これから作成する完成した制作物のコンピュータグラフィック(CG)や作業手順が表示されている風景が，ディスプレイを通じて重ね合わせて見えている．受講生はディスプレイに示されるCGや工程に沿って作業を行うことで，円滑に作業手順や技能の要点を学習することができる．加えて，成果物をCGに重ね合わせることで，成果物が適切に施工できていることを容易に確認できる．また，複雑な作業については動画や音声などを用いることで，受講生が理解しやすい環境を整えている．

　本教育訓練プログラムは場所・時間を選ばず，個人の能力に合わせたスピー

ドで教育訓練を実施できるため，一定の技能レベルを確保した技能者を効率良
く育成することできると考えられる[1]．

(3)　Mixed Reality（MR）による技能訓練の効率化

(a)　Mixed Reality

　Mixed Reality（MR）は，現実世界の物理環境を仮想物体と融合して表現でき
る技術[11]である（図5.15）．つまり，現実世界で実際に起こり得る現象を仮想
の物体を用いて再現できるため，仮想の世界のみに意識を集中させて何らかの
作業を行わせることもできる．

　この MR のためのヘッド・マウントディスプレイ（HMD）の一つに，
HoloLens（Microsoft 社製）[13]がある．これは，通信機能を有した独立した
Windows プラットフォームで動作するコンピュータでありサーバを配置すれ
ばクライアントとして機能する．HoloLens には図5.16 に示す6つの対話機能
がある．

(b)　MR 技術による現場業務改善の活用事例

　MR システムはさまざまな分野で活用が進んでいる．㈱協和エクシオ[14]は，
現場での業務改善支援ツールや，「技術トレーニング」「技術の伝承」などの課

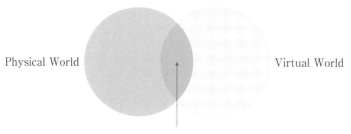

Physical World　　　　　　　　　　　　　　　Virtual World

MIXED REALITY

出典）　John Zhang：Mixed Reality, Technical paper, Jingteng Tech, 2019.

図 5.15　Mixed Reality

1)　本研究は科研費 基盤研究（C）17K01170 の助成を受けたものです．ここに謝意を示し
ます．

出典）　Microsoft HoloLens ウェブページ（https://www.microsoft.com/ja-jp/holoLens）

図 5.16　HoloLens の対話機能

出典）　協和エクシオウェブページ（http://www.exeo.co.jp/jigyou/billing/hololens.html）

図 5.17　技能五輪初心者用トレーニング・ツールとしての活用事例

題を解決する訓練ツールとしての活用を目指した開発を提案している(**図5.17**).

(c)　技能の訓練・評価分野への応用

　MRシステムの活用は,熟練技能の訓練・評価分野でも盛んになっている.技能を評価する機会にはさまざまなものがあり,技能検定や社内検定[15],各種技能競技会などが代表的である.これらの評価機会では,技能者が制限時間内に完成させた課題を,評価者があらかじめ決められた評価基準により評価する.評価者が公平かつ客観的な評価できることが理想であるものののの,次の問題が起こり得ると指摘されている.

①　評価者により,評価基準がばらばらで,採点結果に違いがある.

②　評価者の評価技能が低く,公平な採点ができない.

③　評価基準が明確に示されていない.

④　評価基準を見ながら評価することが困難(ムリ)である.

⑤　評価者のための訓練方法やシステムが確立されていない.

　上記の問題点は同時に,被評価者が技能を習得するときには,以下のような問題が生じる可能性があることを示している.

❶　評価基準を参照しながら自ら技能習得を行うことができない.

❷　評価基準に精通した指導員がいない場合は,評価基準にもとづいた評価を受けることができない.

　熟練した評価者になると,微妙に異なるさまざまな評価対象物があるなかでも,自らがもつ成功した体験および苦悩した体験(動的イメージ)にもとづく先読みによって,迅速かつ正確に評価できるとされている[16].つまり,評価を正確に行うための技能が熟練技能であるともいえるので,その習得を効果的に行うにも評価技能のカン・コツを可視・可測化することが重要になる.また,熟練した評価者を育成するためには,さまざまなパターンに対応できる認知スキーマ[2)]を形成することが必要となる.これは,逆にいえば,評価に熟練していない評価者であっても,さまざまなパターンを示しながら評価作業のカン・コツを適切に補完する何らかの仕組みがあれば,的確な評価ができる可能性を

---

2)　過去の経験から獲得された知識,情報,技術を活用する枠組み.

示している.

(d)　MR を用いた評価技能訓練システムの例

　熟練技能である評価技能を可視・可測化し,技能訓練するための MR システム [17] [18] を紹介する.本システムは,さまざまな情報をサーバに蓄積し,リンクするため Client(本システムでは HoloLens)と Server で構成される.

　対象物の認識には,ユーザの選択の手間を省くため QR コードによるリンク方式をとっている.また,本システムは,目的に応じて次の 3 つのモードを備えている(図 **5.18**).

　① 評価技能訓練モード

　　大会で評価を行う専門家のための訓練モードである.評価訓練者は HoloLens を着用し,評価する対象物にあらかじめ貼り付けられた QR コードを見ることで対象物を認識することができる.このとき,図 **5.19** のようなユーザ・インタフェース(UI)が表示される.

　　UI は,HMD の上部または右側に配置されており,現実世界の評価対象物を遮ることはない(図 **5.20**).評価項目は UI の左側に表示され,評価訓練者は評価したい項目をフィンガー・タップ(図 **5.21**)により選択すると評価プロセスの実行モードとなる.

Client	Details	Notes		
Information access channel	HoloLens MR glasses	Only HoloLens1 generation 1 is available.		
Target user	Judge			
Functions	1. Training mode 2. Testing mode 3. Competition mode	Difference between three modes		
		Mode	**Standard answer**	**Real-time feedback**
		1. Training	Y	Y
		2. Testing	N	N
		3. Competition	Y	N

図 5.18　クライアント側システム

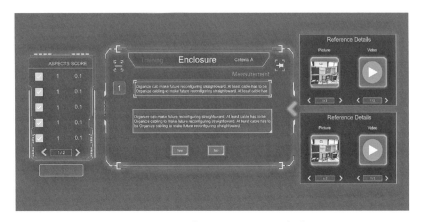

図 5.19　ユーザ・インタフェース（UI）

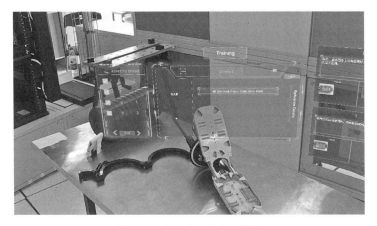

図 5.20　訓練者から見る視野

　評価のためのさまざまな情報は，UIの右側にある参考情報（reference information）をタップすると，写真，映像およびテキストによる評価のための補助資料が表示され，評価作業を補助する．評価訓練者が評価を行うとサーバ側にあらかじめ登録されている正解と照合し，その結果（Pass/Fail）がUI上に表示され，評価の正確さを確認することができる．これらの機能により評価訓練者は，指導者がいなくてもさまざまな対象物やパ

図 5.21　フィンガー・タップ（Air tap）による画面選択

ターンを例にして評価技能を習得することが可能となる.

② 評価能力検定モード

評価者が評価法を訓練した後など，評価者としての実力を検定するためのモードである．このモードでは，評価者が入力した評価はサーバに蓄積され，すべての評価完了後に正解率と各評価のフィードバックがクライアントに表示される.

③ 評価モード

実際に被評価者の技能を評価するためのモードである，評価結果を直接UI で入力でき，その値はサーバに蓄積される．複数のクライアントの同時使用時には，評価者間で評価状況を互いに確認することも可能となる.

以上のような MR を用いた評価・訓練システムの活用実験[18]を通じて，以下の 2 点が確認されている.

❶ カン・コツを未習得の評価初心者であっても，熟練技能者と変わらない精度の採点が可能となり，評価者による採点のばらつきを抑制できる可能性があること

❷ MR を活用することで，膨大な量の動画・写真などの情報を評価訓練

　　者にリアルタイムに提供し評価訓練者の負担を大幅に軽減できるなど効
　　率的な訓練が可能であること
これらの結果は，被評価者の技能訓練においても有効に活用できる可能性が
あることを示している.

(4)　モーションキャプチャーによる技能動作の習得

　作業動作に潜む3ムには，価値を生まない動作による時間的なムダやムラ以
外に，動き自体のムダやムリもある．これを可視・可測化するには，モーショ
ンキャプチャーを用いた動作解析手法が適している.

　市販されているモーションキャプチャーシステムは，光学式・磁気式・機械
式の3種類に大別できる．磁気式と機械式は，身体の各部分に方向や角度を測
定する機器を直接人体に装着して，関節角度を計測するが，一般的にモーショ
ンキャプチャーシステムといえば，光学式がイメージされることが多い.

　光学式は，身体にマーカ（測定したい関節位置に取り付ける印）を取り付け，
複数台（最低3台が必要）の専用カメラを用いて撮影して関節の3次元位置座標
を推定する．推定精度が数mm程度の精度を発揮する機種も存在するが，数
百万〜数千万円するなど非常に高価である.

　この光学式のモーションキャプチャーシステムには，マーカが不要で簡便に
かつ安価に関節の位置情報が計測できる非装着型がある．その一つに1万5千
円程度で購入できたMicrosoft社製のKinect[3]がある.

　Kinectは，近赤外線を利用した距離画像と映像センサ（ビデオカメラ）の情
報を内部プロセッサで処理することで関節の3次元位置座標を算出している.
推定可能な関節は，**図5.22**に示す20箇所である．**図5.23**では，木材を平滑に
する鉋掛け作業[4]における上半身の骨格情報の推定結果と画像を重ねている.
本節では，このKinectで動作解析を行った結果を用いて，未熟練者への技能
指導を行い，動作・作業姿勢を改善させた事例を紹介する[19].

---

　3)　Microsoft社製のKinectは，2017年10月に生産終了したが，Azure Kinect DKとし
　　て，AIセンサが付加された後継機が米国と中国で販売されている（2020年2月現在）.
　4)　鉋掛け作業の主な目的は，木材表面を平滑にするとともに，所定の厚みに仕上げるこ
　　とである.

図 5.22 Kinect で得られる骨格情報

図 5.23 鉋掛け作業の実験

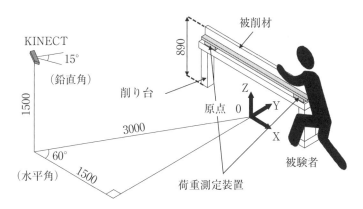

図 5.24 Kinect と被験者の位置関係（単位：mm）

実験は，図 5.24 のような Kinect と被験者の位置関係で行った．被験者は被削材（木曽ヒノキ，長さ 1000㎜）を 8 回連続して削る作業を行い，Kinect で骨格位置情報を測定した．また，成果物の評価は，動作測定後に図 5.25 に示す被削材表面の位置において，被削材の平滑度を確認した．

図 5.26 に未熟練者（実験当時，職業能力開発総合大学校建築専攻 3 年生）が鉋掛け作業を行ったときの作業終了時の頭，肩，左手，腰の位置から推測できる姿勢を示す．図 5.26 中に■印で示される指導前の結果を見ると，上半身が後ろに傾斜した状態で作業を終えている．これが原因で，図 5.27 ①に示され

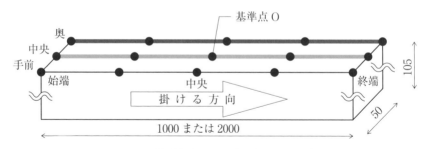

図 5.25　被削材表面の測定点（単位：mm）

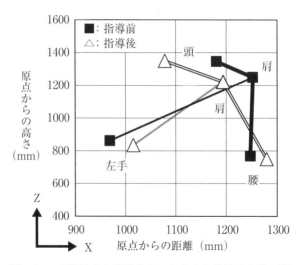

図 5.26　未熟練者の指導前後における作業終了直前の頭，
肩，左手，腰の位置（被削材長さ 1000mm）

るように，被削材終端が平滑に削れていない．

　そこで，未熟練者に対して，測定結果の動画やグラフを示しながら，「前傾
姿勢を保って鉋掛け作業を行うように」と指導し，指導後に再度，未熟練者に
鉋掛け作業をさせ，動作解析を行った結果が**図 5.26** の△印のとおりである．
このとおり，前傾姿勢を保って作業を行えているので，作業姿勢が改善したこ
とがわかる．また，このように作業姿勢が改善したので，被削材の平滑度も改

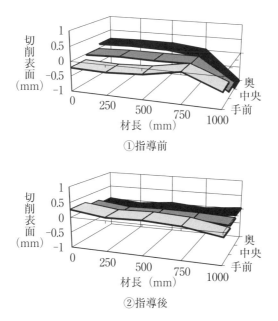

①指導前

②指導後

図 5.27 未熟練者の鉋掛け作業後の切削表面（被削
材長さ 1000mm）

善させることができた（**図 5.27 ②**）．

　以上のように，モーションキャプチャーシステムを用いて身体部位の動きを把握することは，作業動作の解析として有用なので，未熟練者の技能向上に役立つ測定技術といえる．他にも，生産現場におけるロボットへのティーチング，ヒューマノイドロボットの開発などに援用されることで，生産性の向上に資することが期待される．

第 5 章の参考文献

［1］　菊地正編（2008）：『感覚知覚心理学』，朝倉書店，pp.16-32.
［2］　金子寛彦（2009）：「固視微動」，『映像情報メディア学会誌』，Vol.63，No.11，pp.1538-1539.
［3］　富士通研究所：「視線検出技術」（https://www.fujitsu.com/jp/group/labs/resou

rces/tech/techguide/list/eye-movements/).

[4]　池田知純，二宮敬一，岡部眞幸，菅野恒雄，寺内美奈，繁昌孝二，不破輝彦，
和田正毅，古川勇二(2016)：「身体性認知科学に基づくフライス加工技能の修得・
伝承モデルの構築　第 3 報　身体動作と視線動向の計測」，『2016 年度精密工学会
春季大会学術講演会講演論文集』，pp.571-572.

[5]　下条誠(2002)：「皮膚感覚の情報処理」，『計測と制御』，Vol.41，No.10，pp.723-
727.

[6]　バイオメカニズム学会編(2009)：『生体のふるえと振動知覚』，東京電機大学出
版局，pp.104-105.

[7]　下條誠(2002)：「触覚のセンシングとディスプレイ」，『電気学会論文誌 E』，
Vol.122，No.10，pp.465-468.

[8]　永島晃(2018)：「リアルハプティクス技術が生み出す未来」，『Bulletin JASA』，
Vol.65，pp.4-8.

[9]　国土交通省：「建設労働者を取り巻く現状について」(https://www.mhlw.go.jp/
file/05-Shingikai-12602000-Seisakutoukatsukan-Sanjikanshitsu_Roudou
seisakutantou/0000090621.pdf)

[10]　舩木裕之，塚崎英世，新井吾朗，小林珠緒，小林宏樹(2019)：「AR ヘッドマ
ウントディスプレイを活用した型枠技能者向け教育訓練教材の作成について」，
PTU フォーラム 2019.

[11]　千葉慎二(2018)：「Mixed Reality がもたらす新しい世界」，『情報処理学会研
究報告』，pp. 1-5, Vol.2018-CVIM-210, No.21.

[12]　John Zhang (2019)：Mixed Reality, Technical paper, Jingteng Tech.

[13]　Microsoft HoloLens ウェブページ(https://www.microsoft.com/ja-jp/hololeNs)

[14]　協和エクシオウェブページ(http://www.exeo.co.jp/jigyou/billing/hololens.
html)

[15]　厚生労働省ウェブページ「技能検定・社内検定・職業能力評価基準」(https://
www.mhlw.go.jp/stf/seisakunitsuite/bunya/koyou_roudou/jinzaikaihatsu/
ability_skill/index.html)

[16]　山本孝，森健一(2002)：「認知科学手法による熟練技能伝承方策に関する研究」，
『日本経営工学会論文誌』，pp.161-169, Vol.53, No2.

[17]　Guangdong VCOM educational technology Co., ltd (2019)：leaflet of Skill
evaluation & training system by MR_Hololens.

[18]　Takuo KIKUCHI, Takeshi HADANO, Peng XUEHAI, Zhao LIN, Wang
YANFEG(2020)："Development of Skill Evaluation System Using Mixed

Reality and Measuring the Effect of Evaluation Quality", 工学教育, Vol.68, No.1, pp.49-57.

［19］　片岡遥, 塚崎英世, 定成政憲, 前川秀幸, 佐畑友哉, 西口光太郎, 松留愼一郎(2019)：「大工技能の動作解析に関する研究　鉋掛け作業の指導法について」, 『日本建築学会大会学術講演梗概集』, 2019 年 8 月, pp.147-148.

第 **6** 章

ラーニングファクトリーと IE

　本書では，人の作業と生産の効率化のために，動作・作業レベルから生産ライン全体まで3ムを見える化し，生産性を向上する方法を解説してきた．しかし，現代では，人でなくロボットや設備，あるいは無人搬送車 AGV が主となる生産において，IE 的な効率化が求められ始めている．

　人が担ってきた作業が機械設備に置き換わっていった歴史的な理由には，「短時間で大量の加工を実現して生産効率を飛躍的に高めること」「人にはできない作業(例えば巨大な力や微細な精度，高温下や長時間)を実現すること」などが挙げられるものの，「3ムを取り除くこと」を目的とした機械化はほとんど見られなかった．そのため，結果的に，ロボットや設備生産は，**第4章**で解説したような変動に弱く，人が行う作業に比べフレキシビリティーが高いと考えられていない．

　しかし，到来しつつある第4次産業革命時代には，何らかの変動によって状況が変化してもスマートに(特に自律的に)対処できる生産システムが模索されている．

　最終章となる本章では，自律生産を研究し理解するミニチュア仕組みとして始まっているラーニングファクトリーを紹介する．これはまさに，変動を予知し抑え込む IE 技術を備える次世代生産システムでもある．

6.1　ラーニングファクトリーとは

　生産の一連の工程を理解し，実践的な側面から問題解決を考えるためには，規模は小さくても実際の工場と同様な構成の設備を用いて，生産システム全体をさまざまに試行・実験できる模擬工場を用いることが効果的である．そこで，この分野における研究・開発や教育・人材育成のための設備として，ラーニン

グファクトリーが，欧米で利用されている.

(1)　ラーニングファクトリーの由来

　ラーニングファクトリーの由来については，文部科学省科学技術・学術政策研究所のレポート[1]で紹介されている以下の記述が参考になる.

　「1994年，米国国立科学財団(NSF)はペンシルバニア州立大学が率いるコンソーシアムに補助金を支出し，世界初となる「ラーニングファクトリー」を開設した[1]. これは，産業界とアカデミアが強いつながりと相互作用を持ち，学際的かつ実践的なエンジニアリングデザインプロジェクトの実施を目指したものである. …(中略)…

　ドイツでは1980年代後半に，ドイツ版ラーニングファクトリーとも言える「Lernfabrik」において，コンピュータ統合製造(Computer Integrated Manufacturing：CIM)に関連する認定プログラムが行われた. この取組も産業界側のニーズに焦点を当てたものであった. …(中略)…

　ラーニングファクトリーでは，目的に応じた講義や訓練，あるいは研究活動が行われ，その結果，日々，新しい能力の開発や技術革新が起こる可能性を秘めている. また，ドイツでは，イノベーション創出のみでなく，ラーニングファクトリーにおいて一連の工程を俯瞰することができることから，マネジメント人材の育成が可能であることが報告されている[2].」

(2)　欧米におけるラーニングファクトリーの動向

　欧米におけるラーニングファクトリーの動向については，経済産業省の「平成29年度製造基盤技術実態等調査報告書」(pp.38-39)[2]での以下の記述が参考になる.

　「現在，ドイツを中心に，産官学のあらたな連携のあり方として"Learning Factory"という考え方が拡大しつつある. Learning Factoryとは，大学やプ

1)　Eberhard Abele et al.(2017): Learning factories for future oriented research and education in manufacturing, *CIRP Annals - Manufacturing Technology 66*, pp.803-826.
2)　Christopher Prinz et al.(2016): Learning factory concept to impart knowledge about engineering methods as well as social science methods, *The Learning Factory*.

ロフェッショナル・トレーニング機関において，自国の機器や標準に則ったカリキュラムを作成し教育を行うことで，教育段階から機器や標準へのラーニング・ロックインを生じさせ，自国のエコシステムを拡大させることを狙いとした取り組みである．

Learning Factory では，エンジニアリングを学ぶ学生に最新鋭の設備やソフトウェアを使用する場を提供することでエンジニアリング能力の向上を図る．…(中略)…

大学としては，理論的教育と実践教育の結びつけを強化することができ，また，学生の向学心向上にも寄与している．

欧州及び米国では，既に多くの Learning Factory が開設されているようである．」

6.2　第 4 次産業革命を課題とするラーニングファクトリーの事例

第 4 次産業革命では，スマートな生産システムの実現により，ものづくりのシステム全体を，状況に応じて臨機応変に，動的な最適化が自律的になされることを目指している．これは，第 3 次産業革命までの自動化システムを高度化したうえに，ICT を駆使して自律最適化のフィードバックを付加する構造であるサイバーフィジカル生産システムを利用する．

この課題に対応したラーニングファクトリーの事例として，ドイツのダルムシュタット工科大学の産業生産性センターやカールスルーエ工科大学のグローバル生産ラーニングファクトリー(**図 6.1**)などがある．2018 年の実績となるが，前者では 100 日間以上の教育訓練を実施し 1500 人以上の産業関係者及び 500 人以上の学生がトレーニングを受けている．また，後者では 50 日間以上の教育訓練を実施し 200 人以上の産業関係者及び 250 人以上の学生がトレーニングを受けている [3]．

6.3　日本におけるラーニングファクトリーの動向

日本では，有力な製造企業が自社生産に特化したパイロットラインを設置し，生産ライン全体の効率化を目的とする技術開発と従業員教育を行うケースがある一方で，高等教育機関によるラーニングファクトリーは緒に就いたばかりで

出典）　LERN FABRIK KARLSRUHE GLOBALE PRODUKTION
　　　（http://globallearningfactory.com/）

図6.1　カールスルーエ工科大学のラーニングファクトリー

ある．

（1）　産業技術総合研究所における施設の運用開始

　産業技術総合研究所（産総研）では，サイバーフィジカルシステム研究棟を構
築して模擬工場を設置し，2019 年 4 月から稼動を開始している．

　また，産総研では，「サイバー・フィジカル・システム（CPS）による加工機
の自律化技術の研究開発」「生産ラインの自律的最適化を可能とするサイバー・

フィジカル・プロダクション・システム(CPPS)の研究開発」「関連要素技術の融合による次世代スマートファクトリーの実現」など，ものづくりの分野のさまざまなテーマに挑戦しており，産学官連携などによる共同研究を始めている.

(2) 職業能力開発総合大学校のラーニングファクトリー構想

第4次産業革命における狙いの一つ「スマート生産システムの構築」に必須となる要素として，職業能力開発総合大学校では，「サイバーフィジカル生産システムの教育・訓練ラーニングファクトリーの構築」を提唱して，取り組みはじめている.

このシステムは，日本版第4次産業革命として提唱されているデジタルトリプレット[4]の考え方を導入しており，その全体像は**図6.2**のようになる. これは，主に以下の5つから成るシステムを統合した全体システムである.

① 生産ロボット実習装置

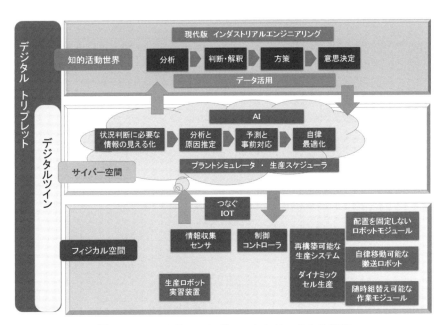

図6.2 PTU のラーニングファクトリーの全体構想

②　サイバーフィジカル生産システムにおけるデータ収集・可視化・分析
実習システム

③　クラウドコンピューティングによるプラントシミュレータ・生産スケ
ジューラ・AI ツール実習システム

④　現代インダストリアルエンジニアリング・データ活用実習システム

⑤　ダイナミックセル生産対応の動的再構築可能なロボット作業システム

ここで，本書で解説した生産ラインにふりかかる各種の変動を把握して抑え
込む IE 技術は，サイバー空間から得るデータを活用して，高い生産性を発揮
するための知的活動として，デジタルトリプレットの一翼を担うこととなる．

第 6 章参考文献

［1］　犬塚隆志，岡本摩耶(2018)：「企業と大学等の連携による人材養成—Society5.0
の具現化に資する人材輩出に向けて—」，『STI Horizon』，Vol.4，No.2，pp.54-58.

［2］　野村総合研究所(2018)：「経済産業省平成 29 年度製造基盤技術実態等調査
(Connected Industries の国際展開に向けたタイ及び ASEAN 各国における調査事
業)調査報告書」(https://www.meti.go.jp/meti_lib/report/H29FY/000494.pdf)

［3］　International Association of Learning Factories：Center for Industrial Pro-
ductivity(CIP)，Technical University Darmstadt(GERMANY)／Learning Facto-
ry Global Production, Karlsruhe Institute of Technology(GERMANY).

［4］　経済産業省(2019)：「製造業を巡る環境変化に対する課題と方向性」(https://
www.meti.go.jp/shingikai/sankoshin/seizo_sangyo/pdf/007_04_00.pdf)

索　引

著 者 一 覧

【編著者】

和田　雅宏(わだ　まさひろ)　(担当：1.3 節，2.6 節(3)，2.7 節，第 3 章，第 4 章，5.1 節，各章・各節の頭書，各著者原稿の補足調整)
職業能力開発総合大学校 品質・生産管理ユニット　教授．博士(工学)．2019 年まで 30 年間 AGC(旭硝子)株式会社勤務．

【著者】(章節順)

圓川　隆夫(えんかわ　たかお)　(担当：第 1 章，2.3 節(3)(b)，第 3 章，第 4 章)
職業能力開発総合大学校長．東京工業大学名誉教授．工学博士．

横山　真弘(よこやま　まさひろ)　(担当：第 2 章，3.2 節)
職業能力開発総合大学校　企業経営ユニット　助教．博士(工学)．

平野　健次(ひらの　けんじ)　(担当：2.3 節(3)(a))
職業能力開発総合大学校　企業経営ユニット　教授．博士(工学)．

池田　知純(いけだ　ともずみ)　(担当：5.2 節(1)，5.2 節(2))
職業能力開発総合大学校　福祉ユニット　准教授．博士(工学)．

飯田　隆一(いいだ　りゅういち)　(担当：5.2 節(3))
職業能力開発総合大学校　木工・塗装・デザインユニット　特任助教．博士(学術)．

中島　均(なかしま　ひとし)　(担当：5.3 節(1))
職業能力開発総合大学校　溶接ユニット　准教授．博士(環境科学)．

舩木　裕之(ふなき　ひろゆき)　(担当：5.3 節(2))
職業能力開発総合大学校　建設施工・構造評価(RC)ユニット　准教授．博士(工学)．一級建築士．

菊池　拓男(きくち　たくお)　(担当：5.3節(3))
職業能力開発総合大学校　情報通信ユニット　准教授．博士(工学)．現代の名工(卓越技能者)．

塚崎　英世(つかざき　ひでよ)　(担当：5.3節(4))
職業能力開発総合大学校　建築施工・構造評価(木造)ユニット　准教授．博士(工学)．一級建築士．

髙橋　宏冶(たかはし　こうじ)　(担当：6.1節，6.2節，6.3節)
職業能力開発総合大学校　制御工学ユニット　教授．工学博士．

インダストリアルエンジニアリングの最前線
―最新テクノロジーを活用した生産効率の向上―

2020 年 3 月 26 日　第 1 刷発行
2024 年 2 月 15 日　第 2 刷発行

編著者	和田	雅宏
著　者	PTU 技能科学研究会	
発行人	戸羽	節文

検　印
省　略

発行所　株式会社　日科技連出版社
〒 151-0051　東京都渋谷区千駄ケ谷 5-15-5
DS ビル
電　話　出版　03-5379-1244
　　　　営業　03-5379-1238

Printed in Japan

印刷・製本　港北メディアサービス株式会社

©Masahiro Wada et al. 2020
ISBN978-4-8171-9696-5
URL https://www.juse-p.co.jp/

◆技能科学入門―ものづくりの技能を科学
する―

PTU 技能科学研究会【編】 ／ A5 判，152 頁，
並製

―進化するものづくりの職業能力開発―

　匠の技や技能五輪入賞者などの熟練技能者が
もつ，ものづくりに求められる技能に対して，
その見える化や高度化のための科学的アプロー
チとして，工学に加えて社会システム科学や教
育学，人間情報学などの方法論の適用を紹介し，
いま求められる職業能力開発の姿を明らかにす
る．

◆技能科学によるものづくり現場の技能・
技術伝承

原圭吾【編著】，PTU 技能科学研究会【著】
／ A5 判，176 頁，並製

―熟練者の「技」を，より効率的に伝えるため
に―

　人材不足が叫ばれて久しい今，ものづくり現
場では熟練者の「技」を効果的・効率的に伝承
していくことが急務となっています．

　本書では，この「技」の中でも，従来は「時
間をかけて身体で覚えるしかない」とされた
「技能」に対し，科学的なアプローチ（定量化や
見える化）を加えることで，より合理的で無駄が少ない伝承方法を解説しています．

　本書を通じて，読者は，未熟練者が挫折しにくい熟練者の「技」の伝承方法を確
立し，組織内の実践に活かすことができます．

■図書案内は弊社ホームページでご覧いただけます．

 https://www.juse-p.co.jp/